普通高等教育信息技术类系列教材

软件工程基础原理与应用

主　编　丛　飚

副主编　钟瑷琳　王坤昊　岳　晴

科学出版社

北　京

内 容 简 介

　　本书系统地介绍了软件工程的基础概念、基本原理、主要方法及其应用等,共分为 12 章。本书按照软件开发生命周期技术主线展开,涵盖 IEEE 制定的软件工程知识体系的主要知识点。主要内容包括软件工程概述、可行性研究与需求分析、软件设计工程、软件规模和工作量度量、软件质量管理、测试技术、测试策略、软件维护、面向对象程序设计、软件项目管理、软件风险分析和管理、软件开发主流工具。

　　本书既可作为 ISEC 项目专用教材,又可作为高等院校计算机、软件工程等相关专业本科教材,还可作为软件工程技术人员的参考用书。

图书在版编目(CIP)数据

软件工程基础原理与应用/丛飚主编. —北京:科学出版社,2023.6
(普通高等教育信息技术类系列教材)
ISBN 978-7-03-075389-2

Ⅰ. ①软… Ⅱ. ①丛… Ⅲ. ①软件工程-高等学校-教材
Ⅳ. ①TP311.5

中国国家版本馆 CIP 数据核字(2023)第 068493 号

责任编辑:戴　薇　吴超莉 / 责任校对:马英菊
责任印制:吕春珉 / 封面设计:东方人华平面设计部

科学出版社 出版
北京东黄城根北街 16 号
邮政编码:100717
http://www.sciencep.com
天津市新科印刷有限公司 印刷
科学出版社发行　　各地新华书店经销
*
2023 年 6 月第 一 版　　开本:787×1092　1/16
2023 年 6 月第一次印刷　　印张:15 3/4
字数:371 000
定价:**58.00 元**
(如有印装质量问题,我社负责调换〈新科〉)
销售部电话 010-62136230　编辑部电话 010-62135319-2030

前　言

自从 20 世纪 60 年代末期提出"软件工程"概念开始，经过全世界专家、教授多年的努力，于 2004 年在世界范围内正式确立了软件工程学科，并使该学科在本科教育层次上迅速发展。我国的软件工程基础技术研究开始于 20 世纪 80 年代初期，随着计算机应用领域的不断扩大及我国经济建设的不断发展，软件工程在我国已经成为一个热门的学科和专业。如今全国各高校软件工程、计算机科学与技术等相关专业都将"软件工程"课程设为专业核心必修课程。"软件工程"课程对培养学生的实践能力、工程思维与创新意识等综合应用能力和素质起到了不可替代的作用。

ISEC（International Scholary Exchange Curriculum，国际本科学术互认课程）项目是由教育部国家留学基金管理委员会联合国外知名高校和国际教育专家，遵循《国家中长期教育改革和发展规划纲要（2010—2020 年）》的指导思想，面向国内部分本科院校开展的国际合作项目，旨在为学生提供平等有效的国际交流平台，开拓学生的国际视野，通过教育国际化深化高等教育改革，提高国际化人才培养质量，提升国际竞争力。

本书根据新工科建设指导思想，在推进课程教材改革的基础上，结合 ISEC 项目对软件工程专业核心课程教材的建设要求和人才培养的需要，采用中文编写、关键词英文注解的双语结合模式，使学生在学习软件工程专业知识的同时，了解并掌握专业术语的英语表达，以提高学生的专业英语的阅读和写作能力。同时，本书能很好地解决全英教材价格昂贵且多数学生理解和阅读较为困难、中文教材又达不到 ISEC 项目要求的问题，为今后软件工程专业课程双语教材建设提供参考和借鉴。

本书由丛飚担任主编，由钟瑷琳、王坤昊、岳晴担任副主编。具体编写分工如下：第 1 章～第 4 章由丛飚编写，第 5 章～第 8 章由岳晴、钟瑷琳编写，第 9 章～第 12 章由王坤昊编写。全书由丛飚统稿，全书英文由钟瑷琳校对，李念桐、韩鑫怡、孙苏圆 3 位学生全程参与了书稿的整理、校对、绘图工作，在此对她们的辛苦付出表示感谢。本书的出版得到了吉林师范大学教材出版基金资助，在此对有关领导的支持表示感谢。本书的编写参考了大量的文献，在此也向相关参考文献的作者表示感谢。另外，感谢科学出版社提供的这次合作机会，使本书能够早日与读者见面。

由于编者水平有限，本书难免存在不足之处，恳请广大读者见谅并能及时提出宝贵意见。

编　者
2022 年 10 月

目　　录

CONTENTS

第1章 软件工程概述

当今世界离开软件就无法正常运转，软件应用于社会生活的各个方面。为了更有效、更合理地设计、开发和维护软件，软件工程师、专家、学者通过不断地探索和研究，逐渐形成计算学科下的一门独立学科——软件工程学科（software engineering discipline）。

本章主要介绍软件和软件工程的相关概念及软件生命周期的相关知识。

1.1 软 件

1.1.1 软件的定义

计算机系统（computer system）由软件（software）和硬件（hardware）构成，软硬件系统相互依赖、相互支持共同完成计算机系统的管理和相关的操作。软件在这其中起到了灵魂的作用。软件是在计算机系统中与硬件相互依存的另一部分，它是包括程序（program）、数据及相关文档的完整集合。程序是按照事先设计的功能和性能要求执行的指令序列。数据（data）是使程序能够正常操作的信息的数据结构。文档（documents）则是与程序开发、维护和使用有关的图文资料。

1.1.2 软件的特性

软件与计算机系统的其他产品不同，它具有以下几个特性。

1）因为软件是一种逻辑实体（logical entity），而不是具体的物理实体，所以它具有抽象性。

2）软件的生产与硬件不同，在它的开发过程中没有明显的制造过程。

3）软件在运行过程中，没有硬件那种机械磨损和老化现象。

4）软件的开发和运行受硬件系统的限制，对计算机系统有着不同程度的依赖性。

5）软件开发至今没有完全摆脱手工操作的开发模式。

6）软件本身是复杂的：①软件开发的实际问题是复杂的；②程序的逻辑结构（logical structure）是复杂的。

1.1.3 软件的分类

软件并不只是包括可以在计算机上运行的程序，与这些程序相关的文档一般也被认为是软件的一部分。简单来说，软件是程序加文档及运行数据的集合体。

1. 按软件的功能分类

一般来讲，软件被划分为系统软件（system software）、应用软件（application software）和介于这两者之间的中间件（middleware）。

（1）系统软件

系统软件为计算机使用提供基本的功能，可分为操作系统（operating system）和系统管理软件，其中操作系统是基本的软件。

1）操作系统是一个管理计算机硬件资源与软件资源的程序，也是计算机系统的内核与基石。操作系统负责诸如管理与配置内存、决定系统资源供需的优先次序、控制输入与输出设备、操作网络与管理文件系统等基本事务。操作系统也提供一个让使用者与系统交互的操作接口，如 Windows、Linux、手机主流系统 Windows Phone、iOS、Android 等。

2）系统管理软件负责管理计算机系统中各种独立的硬件，使它们可以协调工作。系统管理软件与其他软件一起工作，将计算机当作一个整体，而不需要顾及底层每个硬件是如何工作的。

（2）应用软件

应用软件是为了某种特定的用途而被开发的软件。它可以是一个特定的程序，如图像浏览器，也可以是一组功能联系紧密、能互相协作的程序的集合，如微软的 Office 软件，还可以是一个由众多独立程序组成的庞大的软件系统，如数据库管理系统、AutoCAD、医疗软件、商业软件等。

（3）中间件

中间件是支撑各种软件的开发与维护的软件，又称为软件开发环境（software development environment，SDE）。它主要包括环境数据库、各种接口软件和工具组，如编译器（compiler）、数据库管理（database management）、存储器格式化、文件系统管理、用户身份验证、驱动管理、网络连接等。

2. 按软件许可方式不同分类

一般情况下，软件的用户只有在同意使用软件许可的情况下才能合法地使用软件。另外，特定软件的许可条款也不能与法律相违背。按照软件许可方式的不同，软件分为以下几种。

1）专有软件（proprietary software）：此类软件通常不允许用户随意复制、研究、修改或散布，违反此类软件的授权通常要承担相应的法律责任。传统的商业软件公司会采用此类软件，如微软的 Windows 和办公软件。专有软件的源代码通常被公司视为私有财产而予以严密地保护。

2）自由软件（free software）：此类软件正好与专有软件相反，赋予用户复制、研究、修改和散布该软件的权利，并提供源代码供用户自由使用，仅给予些许的其他限制。Linux、Firefox 和 OpenOffice 是此类软件的代表。

3）共享软件（shareware）：通常可免费获取和使用其试用版，但在功能或使用时间上受限制。开发者会鼓励用户付费以获得功能完整的商业版本。根据共享软件作者的授权，用户可以从各种渠道免费得到它的拷贝，也可以自由传播它。

4）免费软件（freeware）：可免费获取和转载，但并不提供源代码，也无法修改。

5）公共软件（public software）：是指原作者已放弃权利，著作权过期，或者作者已经不可考究的软件，在使用上无任何限制。

1.2 软 件 危 机

20 世纪 60 年代以前，计算机刚刚投入实际使用，软件设计往往只是为了一个特定的应用而在指定的计算机上进行设计和编制，采用密切依赖计算机的机器代码或汇编语言，软件的规模比较小，文档资料通常也不存在，很少使用系统化的开发方法，设计软件往往等同于编制程序，基本上是个人设计、个人使用、个人操作、自给自足的私人化的软件生产方式。

20 世纪 60 年代中期，大容量、高速度计算机的出现，使计算机的应用范围迅速扩大，软件开发急剧增长。高级语言开始出现，操作系统的发展引起了计算机应用方式的变化，大量数据处理导致第一代数据库管理系统的诞生。软件系统的规模越来越大，复杂程度越来越高，软件可靠性问题也越来越突出。原来的个人设计、个人使用的方式不能满足要求，人们迫切需要改变软件生产方式，提高软件生产率，软件危机（software crisis）开始爆发。

【例 1-1】IBM OS/360 操作系统被认为是一个典型的案例。它被使用在 360 系列主机中，这个极度复杂的软件项目甚至产生了一套不包括在原始设计方案之中的工作系统。OS/360 是第一个超大型的软件项目，它使用了 1000 名左右的程序员。佛瑞德·布鲁克斯（Frederick Brooks）在其作品 *The Mythical Man-Month* 中承认，他在管理该项目时犯了一个可能造成数百万美元损失的错误。

【例 1-2】美国银行信托软件系统开发案例。美国银行于 1982 年进入信托商业领域，并规划发展信托软件系统。项目原定预算 2000 万美元，开发时程 9 个月，预计于 1984 年 12 月 31 日以前完成，后来直至 1987 年 3 月都未能完成该系统，其间已投入 6000 万美元。美国银行最终因为此系统不稳定而不得不放弃，将 340 亿美元的信托账户转移出去，并且失去了 6 亿美元的信托生意商机。

1968 年，北大西洋公约组织（the North Atlantic Treaty Organization，NATO）在德国的国际学术会议上提出了“软件危机”一词。软件危机实际上是指在计算机软件的开发和维护过程中所遇到的一系列严重问题。

1.2.1 软件危机的典型表现

软件危机的典型表现有以下几个。

1）软件开发进度难以预测。软件开发进度拖延几个月甚至几年的现象并不罕见，这种现象降低了软件开发组织的信誉。

2）软件开发成本（software development costs）难以控制。投资一再追加，令人难以置信，往往实际成本比预算成本高出一个数量级。为了赶进度和节约成本所采取的一些权宜之计又往往损害了软件产品的质量，从而不可避免地引起用户的不满。

3）产品功能难以满足用户的实际需求。开发人员和用户之间很难沟通，矛盾很难统一。往往是软件开发人员不能真正了解用户的需求，而用户又不了解计算机求解问题的模式和能力，双方无法用共同熟悉的语言进行交流和描述。在双方互不充分了解的情况下，就仓促使用设计系统、匆忙着手编写程序，这种闭门造车的开发方式必然导致最终的产品不符合用户的实际需求。

4）软件产品质量（software product quality）无法保证。系统中的错误难以消除。软件是逻辑产品，软件产品质量问题很难以统一的标准度量，因而造成质量控制困难。并不是说软件产品没有错误，而是盲目检测很难发现错误，而隐藏的错误往往是造成重大事故的隐患。

5）软件产品难以维护。软件产品本质上是开发人员的代码化的逻辑思维活动，他人难以替代。除非是开发者本人，否则很难及时检测、排除系统故障。为了使系统适应新的硬件环境，或者根据用户的需求在原系统中增加一些新的功能，都有可能增加系统中的错误。

6）软件缺少适当的文档资料。文档资料是软件必不可少的重要组成部分。实际上，软件的文档资料是开发组织和用户之间的权利和义务的合同书（contract），是系统管理者、总体设计者向开发人员下达的任务书，是系统维护人员的技术指导手册，是用户的操作说明书。缺乏必要的文档资料或文档资料不合格，将给软件开发和维护带来许多严重的困难及问题。

1.2.2　软件危机产生的原因

为了克服软件危机，我们需要查找和分析导致软件危机的原因。通过软件危机的种种表现和软件的特性分析发现，软件危机产生的原因主要有以下几个方面。

1）用户需求不明确。

① 在软件开发出来之前，用户自己也不清楚软件开发的具体需求。

② 用户对软件开发需求的描述不精确，可能有遗漏、二义性甚至错误。

③ 在软件开发过程中，用户提出修改软件开发功能、界面、支撑环境等方面的要求。

④ 软件开发人员对用户需求的理解与用户本来愿望有差异。

2）缺乏正确的理论指导。缺乏有力的方法学（methodology）和工具（tools）方面的支持。由于软件开发不同于大多数其他工业产品，其开发过程是复杂的逻辑思维过程，其产品极大程度地依赖开发人员高度的智力投入。过分地依靠程序设计人员在软件开发过程中的技巧和创造性加剧了软件开发产品的个性化，这也是发生软件开发危机的一个重要原因。

3）软件开发规模（software development scale）越来越大。随着软件开发应用范围的增加，软件开发规模越来越大。大型软件开发项目需要组织一定的人力共同完成，而多数管理人员缺乏开发大型软件开发系统的经验，多数软件开发人员又缺乏管理方面的经验。各类人员的信息交流不及时、不准确，有时人员之间还会产生误解。因为软件开发项目的相关开发人员不能有效地、独立自主地处理大型软件开发的全部关系和各个分支，所以容易产生疏漏和错误。

4）软件开发复杂度（software development complexity）越来越高。软件开发不但在规模上快速地发展扩大，而且其复杂性（complexity）急剧地增加。软件开发产品的特殊性和人类智力的局限性，导致人们无力处理"复杂问题"。"复杂问题"的概念是相对的，一旦人们采用先进的组织形式、开发方法和工具提高了软件开发的效率和能力，新的、更大的、更复杂的问题就又摆在人们的面前。

1.2.3　软件危机的解决途径

人们在研究和分析软件危机产生的原因之后，发现危机的产生不仅包括技术方面的问题，还包括管理方面的问题，于是在软件开发过程中人们开始研制和使用软件工具，用以辅助软件项目管理与技术生产。人们还将软件生命周期各阶段使用的软件工具有机地集合成为一个整体，形成能够连续支持软件开发与维护全过程的集成化软件支援环境，以期从管理和技术两个方面解决软件危机问题。

1968 年，在德国召开的国际学术会议上，弗里德里希·鲍尔（Friedrich Bauer）提出了软件工程的概念，开始探索采用工程化的方法进行软件生产，从而解决软件危机的问题，于是开启了计算机科学技术一个新的学科——软件工程（software engineering）。

此外，人工智能（artificial intelligence，AI）与软件工程的结合成为 20 世纪 80 年代末期活跃的研究领域。基于程序变换、自动生成和可重用软件等软件新技术研究也已取得一定的进展，把程序设计自动化的进程向前推进了一步。在软件工程理论的指导下，发达国家已经建立起较为完备的软件工业化生产体系，形成了强大的软件生产能力。软件标准化与可重用性得到了工业界的高度重视，在避免重复劳动、缓解软件危机方面起到了重要作用。

1.3　软件工程的发展历程及基本原理

软件工程的早期定义为"为了经济地获得在真实机器上可靠工作的软件而制定和使用的合理工程原则及方法"。1972 年，IEEE（Institute of Electrical and Electronics Engineers，电气电子工程师协会）的计算机协会（Computer Society，CS）第一次出版了《软件工程学报》。此后，"软件工程"这个术语被广泛用于工业、政府和学术界，众多的出版物、团体和组织、专业会议使用"软件工程"这个术语。1991 年，美国计算机协会（Association for Computing Machinery，ACM）和电气电子工程师协会的计算机学会的联合工作组发布了《1991 计算教程》，将"软件工程"列为计算学科的九个知识领域之一。2004 年 8 月，全世界五百多位来自大学、科研机构和企业界的专家、教授经过多年的努力，推出了《软件工程知识体》《软件工程教育知识体》两个文件的最终版本，标志着软件工程学科在世界范围内正式确立，并在本科教育层次上迅速发展。软件工程、计算机科学（computer science）、计算机工程（computer engineering）、信息系统（information systems）、信息技术（information technology）并列成为计算学科下的独立学科。软件工程作为一个新兴的工程学科，主要研究软件生产的客观规律性，建立与系统化软件生产有关的概念、原则、方法、技术和工具，指导和支持软件系统的生产活动，以期达到降低软件生产成本、改进软件产品质量、提高软件生产率水平的目标。软件工程学从硬件工程和其他人类工程中吸收了许多成功的经验，明确提出了软件生命周期的模型，发展了许多软件开发与维护阶段适用的技术和方法，并应用于软件工程实践，取得良好的效果。

1.3.1　软件工程的发展历程

软件工程的形成与发展大致经历了以下四个阶段。

1）无软件概念阶段（1946～1955 年）。此阶段的特点是尚无软件的概念，程序设计主要围绕硬件进行开发，规模很小，工具简单，无明确的分工（开发者和用户），程序设计追求节省空间和编程技巧，无文档资料（除程序清单外），主要用于科学计算。

2）意大利面阶段（1956～1970 年）。此阶段的特点是硬件环境相对稳定，出现了"软件作坊"的开发组织形式，开始广泛使用产品软件（可购买），从而建立了软件的概念。但程序员编码随意，整个软件看起来杂乱无章。随着软件系统规模的壮大，软件产品的质量不高，生产效率低下，从而导致了"软件危机"的产生。

3）软件工程阶段（1970～1990 年）。软件危机的产生，迫使人们不得不研究、改变软件开发的技术手段和管理方法，从此进入了软件工程时代。此阶段的特点是硬件已向巨型化、微型化、网络化和智能化四个方向发展，数据库技术已成熟并得到广泛应用。

4）面向对象阶段（1990 年至今）。这一阶段提出了面向对象的概念和方法。面向对象的思想包括面向对象分析（object-oriented analysis，OOA）、面向对象的设计（object-oriented design，OOD）及面向对象程序设计（object-oriented programming，OOP）等。如同模块化的编码方式，面向对象编程也需要通过反复的练习加深对面向对象的理解和掌握。

1.3.2　软件工程的基本原理

自从"软件工程"这一术语被提出以来，人们给软件工程下过很多定义，虽然这些定义使用了不同的词汇，描绘和强调的重点也不相同，但是人们普遍认为软件工程是采用工程的概念、原理、方法，应用计算机科学、数学及管理科学等原理，指导计算机软件开发和维护的工程学科。它以提高质量、降低成本为目的。研究软件工程的专家和学者陆续提出了 100 多条关于软件工程的准则或信条。美国的软件工程专家巴里·伯姆（Barry Boehm）综合这些专家的意见，并总结了美国天合公司多年的开发软件的经验，于 1983 年提出了软件工程的七条基本原理。

巴里·伯姆认为，这七条基本原理是确保软件产品质量和开发效率的原理的最小集合。它们是相互独立的，是缺一不可的最小集合；同时，它们又是相当完备的。人们当然不能用数学方法严格证明它们是一个完备的集合，但是可以证明，在此之前已经提出的 100 多条软件工程准则都可以由这七条基本原理的任意组合蕴含或派生。

下面简要介绍软件工程的七条基本原理。

1）用分阶段的生命周期计划严格管理（strict management）。统计表明，50%以上的失败项目是由计划不周造成的。在软件开发与维护的漫长生命周期中，需要完成许多性质各异的工作。这条原理意味着，应该把软件生命周期分成若干阶段，并相应制订切实可行的计划，然后严格按照计划对软件的开发和维护进行管理。

2）坚持进行阶段评审（review）。统计表明，大部分错误是在编码之前造成的，大约占 63%；错误发现得越晚，改正它要付出的代价就越大，要差 2～3 个数量级。因此，软件的质量保证工作不能等到编码结束之后再进行，而是应坚持进行严格的阶段评审，以便尽早发现错误。

3）实行严格的产品控制（implement strict product control）。开发人员痛恨的事情之一就是改动需求。但是实践告诉我们，需求的改动往往是不可避免的。这就要求我们采用科学的产品控制技术来顺应这种要求，也就是要采用变动控制，又称基准配置管理。当需求变动时，其他各个阶段的文档或代码随之相应变动，以保证软件的一致性。

4）采纳现代程序设计技术（modern programming techniques）。自从"软件工程"的概念产生开始，人们一直致力于研究各种新的软件程序设计技术，并将这些新技术应用到软件开发和维护中，通过各种技术、方法确保软件产品的质量。实践证明，采用先进的技术既可以提高软件开发的效率，又可以减少软件维护的成本。

5）结果应能清楚地审查。不同于硬件产品，软件是一种看不见、摸不着的逻辑产品。软件开发小组的工作进展情况可见性差，难于评价和管理。为了更好地进行管理，应根据软件开发的总目标及完成期限，尽量明确地规定开发小组的责任和产品标准，从而能清楚地审查所得到的标准。

6）开发小组的人员应少而精。这条原理的提出基于两个方面的原因：①高素质开发人员的效率比低素质开发人员的效率要高几倍到几十倍，开发工作中犯的错误也要少得多；②开发人员数量过多，会增加沟通成本，从而增加软件开发成本。当开发小组为 N 人时，可能的通信信道为 $N(N-1)/2$，可见随着人数 N 的增大，通信信道将急剧增大。由此可见，开发小组人员的素质和数量是影响软件质量及开发效率的重要因素，应该少而精。

7）承认不断改进软件工程实践的必要性（necessity）。遵从上述六条基本原理，就能够较好地实现软件的工程化生产。但是，它们只是对已有经验的总结和归纳，并不能保证赶上技术不断前进发展的步伐。因此，巴里·伯姆提出应把承认不断改进软件工程实践的必要性作为软件工程的第七条基本原理。根据这条原理，开发人员不仅要积极采纳新的软件开发技术，还要注意不断总结经验，收集进度和消耗等数据，进行出错类型和问题报告统计。这些数据既可以用来评估新的软件技术的效果，又可以用来指明必须着重注意的问题和应该优先进行研究的工具及技术。

1.3.3　软件工程的未来发展

随着互联网和云计算技术的不断发展，在 Internet 平台上进一步整合资源，形成巨型的、高效的、可信的虚拟环境（virtual environment），使所有资源能够高效、可信地为所有用户服务，成为软件技术的研究热点之一。

软件工程领域的主要研究热点是软件复用（software reuse）和软件构件技术（software component technology），它们被视为解决软件危机的一条现实可行的途径，是软件工业化生产的必由之路。软件工程会朝着开放性计算的方向发展，朝着可以确定行业基础框架、指导行业发展和技术融合的"开放计算"发展。

1.4 软件生命周期

软件生命周期（software life cycle，SLC）是指软件产品或软件系统从设计、投入使用到被淘汰的全过程，也就是说软件有一个孕育、诞生、成长、成熟、衰亡的生存过程。软件的生命周期主要由软件定义（software definition）、软件开发（software development）、软件维护（software maintenance）三个大的工作阶段组成，每个大的工作阶段又可以分解为若干个小的工作阶段，每个小的工作阶段都要有定义、工作、审查、形成文档供交流或备查，以提高软件的质量，图1.1展现了软件生命周期的划分阶段。

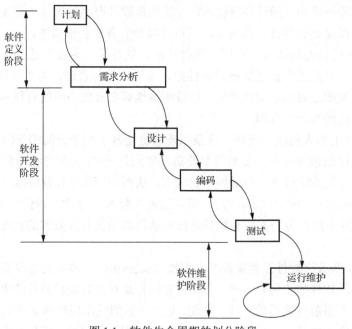

图 1.1　软件生命周期的划分阶段

（1）软件定义阶段

软件定义阶段的工作主要是确定软件开发系统必须完成的总目标，确定软件项目的可行性和软件项目的功能需求，估算项目需求的资源和成本效益等。软件定义阶段一般划分为问题定义（problem definition）、可行性研究（feasibility study）、需求分析（requirement analysis）三个阶段，而通常问题定义、可行性研究也合称为计划阶段（planning phase）。

1）问题定义：要求系统分析员与用户进行交流，弄清"用户需要计算机解决什么问题"，然后提出关于"系统目标与范围的说明"，提交用户审查和确认。

2）可行性研究：一方面把待开发的系统的目标以明确的语言描述出来，另一方面从经济、技术、法律等多个方面进行可行性分析。

3）需求分析：弄清用户对软件系统的全部需求，编写需求规格说明书和初步的用户手册，提交评审。

（2）软件开发阶段

软件开发阶段具体设计和实现前一个阶段定义的软件项目，本阶段主要划分为设计（design）、编码（coding）和测试（testing）三个阶段。

1）设计阶段：又细分为两个阶段，即总体设计（overall design）阶段、详细设计（detailed design）阶段。

① 总体设计阶段：该阶段的任务是把各项软件需求转化为软件系统的总体结构和数据结构，总体结构中每个划分的模块都有着明确的意义，每个模块都和某些需求相对应。

② 详细设计阶段：该阶段的任务是对总体设计阶段确定的每个模块要完成的功能进行具体的描述，给出详细的算法和数据结构，为下个阶段的编码打下基础。

2）编码阶段：此阶段是将软件设计的结果转换成计算机可运行的程序编码。在程序编码中必须制定统一、符合标准的编写规范，以保证程序的可读性、易维护性，提高程序的运行效率。

3）测试阶段：软件在分析、设计、编码过程中不可避免存在错误，在软件正式投入使用之前，要对软件在整个设计过程中存在的问题进行检验并加以纠正。测试阶段又细分为单元测试（unit testing）、集成测试（integrated testing）、系统测试（system testing）、验收测试（acceptance testing）四个阶段。

① 单元测试阶段：查找各模块在功能和结构上的错误。

② 集成测试阶段：将已经通过单元测试的模块，按照一定顺序组装起来进行测试。

③ 系统测试阶段：经过集成测试的软件，作为计算机系统的一部分，与系统中其他部分结合起来，在实际运行环境下对计算机系统进行一系列严格有效的测试，以发现软件潜在的问题，保证系统的正常运行。

④ 验收测试阶段：对软件产品说明进行验证，验证软件的有效性，必须有用户积极参与，或者以用户为主进行。

（3）软件维护阶段

软件维护阶段是软件生命周期中持续时间最长的阶段。在软件开发完成并投入使用后，由于多方面的原因，软件不能继续满足用户的需要，要延续软件的使用寿命，就必须对软件进行维护。软件维护包括改正性维护（corrective maintenance）、完善性维护（perfective maintenance）、适应性维护（adaptive maintenance）和预防性维护（preventive maintenance）四个方面。

1.5　软件过程模型

软件过程模型（software process model）也常称为软件开发模型、软件生存期模型、软件工程范型，是一种开发策略。这种策略针对软件工程的各个阶段提供了一套范型（paradigms），使工程的进展达到预期的目的。对一个软件的开发无论其大小，我们都需要选择一个合适的软件过程模型，这种选择基于项目和应用的性质、采用的方法、需要的控制，以及要交付的产品的特点。下面介绍几种典型的软件过程模型。

1.5.1　瀑布模型

1970 年，温斯顿·罗伊斯（Winston Royce）提出了瀑布模型（waterfall model），直到 20 世纪 80 年代早期，它一直是唯一被广泛采用的软件开发模型。瀑布模型也称线性顺序模型，它将软件的生命周期划分为计划制订、需求分析、软件设计（software design）、程序编码（program coding）、软件测试（software test）和运行维护（maintenance）六个基本活动，并且规定了它们自上而下、相互衔接的固定次序，如同瀑布流水，逐级下落，如图 1.2 所示。

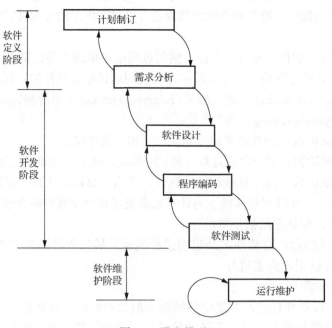

图 1.2　瀑布模型

在瀑布模型中，软件开发的各项活动严格按照线性方式进行，当前活动接受上一项活动的工作结果，实施完成所需的工作内容。当前活动的工作结果需要进行验证，如果验证通过，则该结果作为下一项活动的输入，继续进行下一项活动，否则返回修改。

　　瀑布模型强调文档的作用，并要求每个阶段都要仔细验证。但是，这种模型的线性过程太理想化，已不再适合现代的软件开发模式。

（1）瀑布模型的优点

1）可强迫开发人员采用规范的方法（method）。

2）严格规定了每个阶段必须提交的文档（document）。

3）要求每个阶段交出的所有产品都必须经过质量保证小组的仔细验证。

（2）瀑布模型的缺点

1）各个阶段的划分完全固定，阶段之间产生大量的文档，极大地增加了工作量（effort）。

2）由于开发模型是线性的，用户只有等到整个过程的末期才能见到开发成果，从而增加了开发的风险（risk）。

3）早期的错误可能只有等到开发后期的测试阶段才能发现，进而造成严重的后果。

4）不能适应用户需求的变化。

1.5.2　快速原型模型

　　快速原型模型（rapid prototype model）的第一步是听取用户对未来软件产品的意见；第二步是根据用户的意见建造一个快速原型，快速实现用户与系统的交互；第三步是通过用户对所建原型进行评价或测试，逐步调整原型使其满足客户的真正需求；第四步是在上述过程的基础上，开发出用户满意的软件产品，如图 1.3 和图 1.4 所示。很显然，快速原型模型可以克服瀑布模型的缺点，减少由于软件需求不明确带来的开发风险，具有显著的效果。

　　快速原型模型的关键在于尽可能快速地建造出软件原型（software prototype），一旦确定了客户的真正需求，所建造的原型将被丢弃。因此，原型系统的内部结构并不重要，重要的是必须迅速建立原型，随之迅速修改原型，以反映客户的需求。

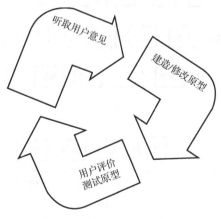

图 1.3　快速原型模型（1）

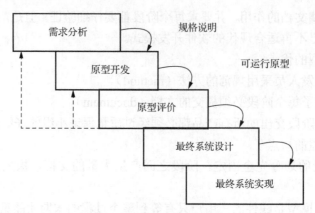

图 1.4   快速原型模型（2）

快速原型模型的优点是：①满足用户需求（user requirement）程度高；②用户的参与面广；③返工现象少。

快速原型模型的缺点是：①不适合大型软件的开发，适合小型项目（small projects）；②快速建立的原型在持续听取用户意见的修改下，可能会导致软件产品质量的下降；③快速建立的软件产品展示原型，在一定程度上会影响软件开发人员的想象和创新。

1.5.3   增量模型

在增量模型（incremental model）中，软件被作为一系列的增量构件（incremental component）来设计、实现、集成和测试，每个构件由一些提供特定功能的、相互作用的代码模块所构成。增量模型在各个阶段并不交付一个可运行的完整产品，而是交付满足客户需求的一个子集的可运行产品，如图 1.5 所示。

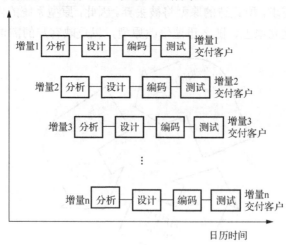

图 1.5   增量模型

需要注意的是，在使用增量模型时，第一个增量往往是实现基本需求的核心产品

（core products）。核心产品交付用户使用后，经过评价形成下一个增量的开发计划，它包括对核心产品的修改和一些新功能的发布。这个过程在每个增量发布后不断重复，直到产生最终的完善产品。

例如，使用增量模型开发文字处理软件（word processing software）。第一个增量可以考虑发布基本的文档图文编辑、管理、生成、打印等功能；第二个增量发布增加页面布局、审阅等更加完善的功能；第三个增量发布增加校对、版式、高级选项设置功能；第四个增量发布加载项、PDF 转换、邮件高级功能等。

（1）增量模型的优点

1）短期内可以交付满足部分用户需求的功能产品（functional products）。

2）逐步增加功能可以让用户适应新产品。

3）开放式的软件的可维护性比较好。

4）开始第一构件前，已经完成需求说明（requirements specification）。

（2）增量模型的缺点

1）由于各个构件是逐渐并入已有软件体系结构中的，加入构件可能会破坏已有系统功能，这就需要软件具备非常好的开放式的体系结构。

2）在开发过程中，需求的变化是不可避免的。增量模型的灵活性可以使其适应这种变化的能力大大优于瀑布模型和快速原型模型，但也很容易退化为边做边改模型，从而使软件过程的控制失去整体性。

1.5.4　螺旋模型

1988 年，巴里·伯姆正式发表了软件系统开发的螺旋模型（spiral model），它将瀑布模型和快速原型模型结合起来，强调了其他模型所忽视的风险分析，特别适合大型复杂的系统。螺旋模型有风险驱动，强调可选方案和约束条件，从而支持软件的重用（software reuse），有助于将软件质量作为特殊目标融入产品开发之中。图 1.6 展示了螺旋模型的整体结构，它沿着螺线进行若干次迭代，四个象限分别代表以下活动。

1）计划制订：确定软件目标，选定实施方案，弄清项目开发的限制条件。

2）风险分析（risk analysis）：分析评估所选方案，考虑如何识别和消除风险。

3）实施工程：实施软件开发和验证。

4）客户评估：评价开发工作，提出修正建议，制订下一步计划。

螺旋模型的优点：①集成瀑布模型、快速原型模型、增量模型的优点；②支持用户需求动态变化；③需求分析与软件实现紧密联系、相互依赖；④提高目标软件的适应能力，降低风险；⑤在大型软件开发过程中充分发挥优势。

螺旋模型的缺点：①迭代次数影响开发成本，延迟提价时间；②无法找到关键改进点，人才、物力、财力、时间引起无谓消耗；③成于风险分析，败于风险分析。

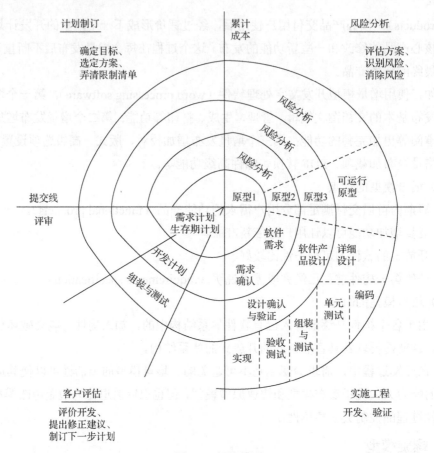

计划制订

确定目标、
选定方案、
弄清限制清单

累计
成本

风险分析

评估方案、
识别风险、
消除风险

风险分析

风险分析

风险分析

提交线

评审

原型1　原型2　原型3

可运行
原型

需求计划
生存期计划

软件
需求

软件产
品设计

详细
设计

开发计划

需求
确认

组装与测试

设计确认
与验证

单元
测试

编码

实现

验收
测试

组装
与
测试

客户评估

评价开发、
提出修正建议、
制订下一步计划

实施工程

开发、验证

图 1.6　螺旋模型

1.5.5　喷泉模型

喷泉模型（fountain model）也称面向对象的生存期模型，该模型采用的是面向对象开发技术。与传统的结构化生存期相比，喷泉模型具有更多的增量（increments）和迭代（iterations）性质，其生存期的各个阶段可以相互重叠和多次反复，呈现反复迭代和无间隙的特性。另外，在项目的整个生存期中还可以嵌入子生存期，就像水喷上去又可以落下来，可以落在中间，也可以落在最底部，如图 1.7 所示。

（1）喷泉模型的优点

1）该模型的各个阶段没有明显的界线，开发人员可以同步进行开发，提高软件项目的开发效率，节省开发时间，适用于面向对象的软件开发过程。

2）具有更多的增量和迭代性质，生存期的各个阶段可以相互重叠和多次反复。

（2）喷泉模型的缺点

1）因为喷泉模型在各个开发阶段是重叠的，在开发过程中需要大量的开发人员，所以不利于项目的管理。

2）要求严格管理文档，导致审核难度加大，尤其是面对可能随时加入的各种信息、需求与资料的情况。

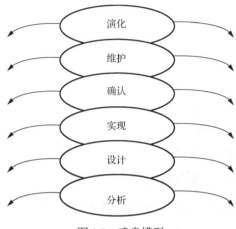

图 1.7　喷泉模型

3）开发过程反复迭代，容易造成开发过程的无序和混乱。

1.5.6　统一过程

统一过程（rational unified process，RUP）是 Rational（乐信）公司推出的软件过程模型，它是目前为止软件行业商业化成功的软件过程模型。统一过程提供了在开发组织中分派任务和责任的纪律化方法。它的目标是在可预见的日程和预算前提下，确保开发出满足用户最终需求的高质量产品。统一过程是一种"用例驱动，以体系结构为核心，迭代及增量"的软件过程框架，由统一建模语言（unified modeling language，UML）方法和工具支持。

统一过程将软件项目分为以下五个阶段。

1）开启（inception）阶段：包括用户沟通和计划活动两个方面，强调定义和细化用例，并将其作为主要模型。

2）细化（elaboration）阶段：包括用户沟通和建模活动，重点是创建分析和设计模型，强调类的定义和体系结构的表示。

3）构建（construction）阶段：将设计转化为实现，并进行集成和测试。

4）移交（transition）阶段：将产品发布给用户进行测试评价，并收集用户的意见，之后再次进行迭代修改产品使之完善。

5）应用监控阶段：监控软件的持续使用，提供运行环境（基础设施）的支持，提交并评估缺陷报告和变更请求。

1.5.7　敏捷开发

敏捷开发（agile development）是一种以人为核心，以迭代方式循序渐进开发的方法，其软件开发的过程称为敏捷过程（agile process）。在这一过程中，软件项目的构建被切分成多个子项目，各个子项目的成功都经过测试，具备集成和可运行的特征。2001 年初，一些软件行业专家成立了敏捷联盟，起草了《敏捷软件开发宣言》（*The Manifesto for Agile Software Development*），针对一些企业的现状，提出了让软件开发团队具有快速工作、快速应变能力的若干价值观和原则，其中包括四个价值观及敏捷开发方法应遵循的 12 条原则。

1. 敏捷开发的四个价值观

1）个体和交互胜过过程和工具。

2）可以运行的软件胜过面面俱到的文档。

3）客户合作胜过合同谈判。

4）响应变化胜过遵循计划。

2. 敏捷开发应遵循的 12 条原则

1）通过尽早地、不断地提交有价值的软件来使客户满意。

2）即使到了开发的后期也欢迎改变需求。敏捷过程利用变化来为客户创造竞争优势。

3）以从几个星期到几个月为周期，尽快地、不断地提交可运行的软件。

4）在整个项目开发期间，业务人员和开发人员必须每天都在一起工作。

5）以积极向上的员工为中心，建立项目组（project group），为他们提供所需的环境和支持，并对他们的工作予以充分的信任。

6）在团队内部，最有效、效率最高的传递信息的方法就是面对面的交流。

7）测量项目进展的首要依据是可运行软件。

8）敏捷过程提倡可持续的开发，责任人、开发者和用户应该为能够保持一个长期的、恒定的开发速度而努力。

9）时刻关注技术上的精益求精和好的设计，以提高敏捷能力。

10）简单是最根本的。

11）最好的构架、需求和设计出自能进行自我管理、组织的团队。

12）每隔一定时间，团队就要反省如何能更有效地工作，然后相应地调整自己的行为。

1.5.8 极限编程

极限编程（extreme programming，XP）是一个轻量级的、灵巧的软件开发方法，同时它也是一个非常严谨和周密的方法。极限编程的基础和价值观是交流、朴素、反馈和勇气，即任何一个软件项目都可以从四个方面入手进行改善，即加强交流、从简单做起、寻求反馈、勇于实事求是。

极限编程是一种近螺旋式的开发方法，它将复杂的开发过程分解为一个个相对比较简单的小周期。通过积极的交流、反馈及其他一系列的方法，开发人员和客户可以非常清楚开发进度、变化、待解决的问题和潜在的困难等，并根据实际情况及时地调整开发过程。

极限编程的主要目标在于降低因需求变更而带来的成本。在传统系统开发方法中，系统需求是在项目开发的开始阶段就确定下来，并在之后的开发过程中保持不变的。这意味着项目开发进入之后的阶段时出现的需求变更（requirement change）（而这样的需求变更在一些发展极快的领域中是不可避免的）将导致开发成本急速增加。

极限编程通过引入基本价值、原则、方法等概念来达到降低变更成本的目的。一个应用了极限编程方法的系统开发项目在应对需求变更时将显得更为灵活。极限编程方法的基本特征有以下几个。

1）增量和反复式的开发——一次小的改进跟着一个小的改进。

2）反复性，通常是自动重复的单元测试、回归测试（regression testing）。

3）结对程序（pairing programming）设计。

4）重视与程序设计团队中的用户交互（在场的客户）。

5）软件重构（software refactoring）。

6）共享的代码所有权。

7）简单。

8）及时反馈。

9）用隐喻来组织系统。

10）可以忍受的开发速度。

1.6　软件工程的道德规范

1993 年 5 月，IEEE 的计算机协会的管理委员会设立了一个指导委员会，其目的是为确立软件工程作为一个职业而进行评估、计划和协调各种活动。同年，ACM 也同意设立一个关于软件工程的委员会。到 1994 年 1 月，两个协会成立了一个联合指导委员会。联合指导委员会决定通过设立一系列的专题组实现其设定的目标。其中，软件工程道德和职业实践小组的目标是为软件工程师在道德上和职业上的责任及义务制定一份文件道德规范（草案），并提交联合指导委员会审查通过。

如今，计算机越来越成为商业、工业、政府、医疗、教育、娱乐、社会事务及人们日常生活的中心角色。那些直接或通过教学从事设计和开发软件系统的人员，有着极大的机会既可行善也可作恶，同时还能影响或使他人做同样的事情。为尽可能保证这种力量被用于有益的目的，软件工程师必须要求他们自己所进行的软件设计和开发是有益的，所从事的是受人尊敬的职业。软件工程师的基本要求是，树立软件产业界整体优良形象，努力提高自己的技术和职业道德素质，力争做到与国际接轨，提交的软件和文档资料符合国际和国家的有关技术标准，在职业道德规范上也符合国际软件工程师职业道德（the professional ethics for software engineers）规范标准，自觉遵守公民道德规范标准和中国软件行业（China software industry）基本公约。为此，软件工程师应该坚持遵守下面的道德规范。

1. 准则 1: 软件产品（software product）

软件工程师应尽可能确保开发的软件对于公众、雇主、客户及用户是有用的，在质量上是可接受的，在时间上要按期完成并且费用合理，同时无错。特别地，软件工程师应尽可能地做到以下几点。

1）保证他们所做的软件的规格说明文档，能满足用户的需求，并得到客户的认可。

2）努力去完全理解他们从事的软件的规格说明。

3）通过适当的教育和经验的结合，保证对于他们从事的和将要从事的任何项目是合格的。

4）对于他们从事的和将要从事的任何项目，保证正确的和可以实现的方向及目标。

5）对于他们从事的和将要从事的任何项目，保证有一种恰当的方法学（methodology）。

6）对于他们从事的任何项目，保证有良好的管理，包括为提高质量和降低风险而采取的有效规程。

7）对于他们从事的和将要从事的任何项目的费用、时间表（schedules）、人员和支出，保证给出一个切合实际的预算，并且对这些预算做出风险评估（risk assessment）。

8）对于他们从事的任何项目要保证给出充分的文档，包括发现问题的日志文件（log file）和采取的解决方案。

9）对于他们从事的软件和有关文档，保证充分的测试、排错和复审。

10）开发软件和相关的文档要努力做到尊重使用该软件的人的隐私权。

11）注意只使用合法来源的准确数据，并且只以适当授权的方式使用。

12）只在适当的时候删去过时的或有问题的数据。

13）努力辨别、定义和阐明与任何工作的项目相关的道德、经济、文化、法律和环境问题。

14）为雇主、客户、用户和公众最大限度地提高质量和降低费用。为有关的各方之间做出折中。

15）努力遵循适合当前工作的工业标准，只有当技术上证明应该背离这些标准时才能不遵守。

2. 准则 2: 公众（the public）

从职业角色来说，软件工程只应该按照与公众的安全、健康和福利相一致的方式发挥作用。为此，软件工程师应该做到以下几点。

1）就其负责或了解的软件或相关文档，如果其中存在任何有可能对用户、第三方开发商或环境构成实际或潜在危害的危险，应向有关人士或权威机构报告。

2）仅当有充足理由相信某个软件是安全的、满足规格说明要求、已经通过了适当的测试，并且没有降低生活质量或危害环境时，才赞成或批准它。

3）只在那些在他们的监督之下准备好的文档上签字，或者这些文档属于其能力范围内并且是他们认可的。

4）对由软件或相关文档引起的公众关心的重大问题应努力合作予以解决。

5）尽力开发并尊重多样性的软件。与语言、不同的能力、不同的访问形式（身体的、智力的）、经济优势及资源分配等有关的问题都应予以考虑。

6）与软件或相关文档有关的所有陈述都要公正、诚实，尤其对于公众关心的部分。

7）不要将自身利益、雇主的利益、客户的利益或用户的利益置于公众的利益之上。

8）当机会出现时把职业技能献给美好的事业，并为与该学科相关的公共教育事业贡献力量。

9）对他们自己的工作承担全部责任。

3. 准则 3：判断（judge）

在与准则 2 保持一致的情况下，软件工程师应该尽可能地维护他们职业判断的独立性并保护判断的声誉（reputation）。特别地，软件工程师应做到以下几点。

1）对于要求他们评价的任何软件或相关文档，应保持职业的客观性。

2）只在那些在他们的监督下准备好的并且在其能力范围内的文档上签字。

3）拒绝贿赂。

4）除了合同的所有各方都知道的和都同意的，不接受第三方就该合同所付出的回报、佣金或其他的酬金。

5）对于任何特定的项目或特定于该项目的服务，除了当环境已经完全暴露给有关的各方并且他们都已表示同意，否则只从一方接受报酬。

6）对于那些不能合理地避免或避开并且又急切期望解决的利益冲突，要向有关的所有各方公开。

7）凡与他们自身、他们的雇主、他们的客户的经济利益有关的软件或相关文档，应拒绝作为成员或顾问参与政府或专业团体对该软件或文档做出任何决定。

8）以支持和维护人的价值来调和所有的技术判断。

4. 准则 4：客户和雇主（customers and employers）

软件工程师的工作应该始终与公众的健康、安全和福利保持一致，他们应该总是以职业的方式担任他们的客户或雇主的忠实代理人和委托人。特别地，软件工程师应该做到以下几点。

1）只在他们的能力范围内提供服务。

2）保证他们依据的任何文档都获得授权人的批准。

3）只以适当授权的方式使用客户或雇主的财物，并且要让客户和雇主知道并获得他们的同意。

4）不要在知道的情况下使用非法获得的或持有的软件。

5）对于在职业活动中获得不属于公共范围的信息予以保密（secrecy），当然，这种保密不应影响公众关心的问题。

6）在他们工作的或知道的软件或相关文档中，对于任何与社会有关的问题应认真辨别、记录并向雇主或客户报告。

7）如果他们认为某个项目可能失败，或者证明费用太高，或者违反了知识产权法（intellectual property rights law），特别是版权法（copyright law）、专利法（patent law）或商标法（trademark law），或者存在任何其他问题，应立即通知客户或雇主。

8）不接受对其主要雇主的工作不利的其他工作。

9）在未获得雇主特别同意的情况下，不代表与他们雇主的利益相反的任何一方，除非需要服从一个更高的道德准则，此时他们应使雇主或另一个适当授权人或机构知道他们的道德情形。

5. 准则 5：管理（management）

具有管理和领导职能的软件工程师应该公平行事，应使得并鼓励他们所领导的人履行自己的义务和集体的义务，包括《软件工程师职业道德规范和标准》中要求的义务。特别地，扮演领导角色的软件工程师应尽可能适当地做到以下几点。

1）在要求雇员遵守各种标准之前，保证使他们都已了解这些标准。

2）保证雇员知道雇主为保护口令、文件和其他的保密信息而采取的策略及规程。

3）只有在适当考虑了具有一定的教育和经验，同时确认对这种教育和经验有进一步的渴望和要求之后，再分派工作。

4）在听取对违反雇主的政策或《软件工程师职业道德规范和标准》的指控之后给出必要的处理。

5）对于雇员做出贡献的任何软件、处理技术、研究、文章或其他的知识产品，对其所有权制定出一份公平合理的协议。

6）只通过对工作情况的全面和准确的描述来吸收雇员。

7）只提供公平合理的报酬。

8）对于有资格从事某项工作的下属，不能不公平地阻止他（或她）取得该项工作。

9）不要求一个雇员做任何与《软件工程师职业道德规范和标准》不一致的事情。

6. 准则 6：职业（occupation）

软件工程师应该在职业的各个方面提高他们职业的正直性和声誉，并与公众的健康、安全和福利要求保持一致。特别地，软件工程师应在尽可能的程度上做到以下几点。

1）只与声誉良好的公司和组织建立联系。

2）保证客户、雇主和主管知道《软件工程师职业道德规范和标准》中软件工程师所应承担的义务和责任。

3）支持按照《软件工程师职业道德规范和标准》要求去做的那些人。

4）帮助发展一种有利于道德行为的组织环境。

5）对任何有理由相信违反了《软件工程师职业道德规范和标准》的事情均应向相应授权者或授权机构（authorized organization）报告。

6）对他们工作的软件和相关文档应履行检测（detect）、纠正（correct）和报告错误（report errors）等职责。

7）只接受与职业资格或经验相匹配的报酬。

8）准确地陈述他们工作的软件的特性，不但要避免错误的断言，而且要避免有理由被认为是欺骗的、误导的或令人怀疑的断言。

9）不要以职业上的代价来发展自己的兴趣。

10）服从所有管理他们工作的法规，使他们的工作与公众的健康、安全和福利要求相一致。

11）以对民众事务具有建设性的服务来履行对社会的职业责任（professional responsibility）。

12）促进公众对软件工程的了解。

13）共享该职业中有用的与软件有关的知识、发明或发现。例如，可以通过在专业会议（professional conference）上提交论文、在技术报刊上发表文章，以及服务于制订职业标准的团体来达到共享。

7. 准则 7：同事（colleague）

软件工程师应该公平地对待所有与他们一起工作的人，并应该采取积极的步骤支持社团的活动。特别地，软件工程师应尽可能做到以下几点。

1）协助同事的职业发展（professional development）。

2）评审其他软件工程师的工作，这种评审不在公开范围内进行，只以他们事先的了解进行，并且假定这种评审与安全性要求相一致。

3）充分信任其他人的工作。

4）以客观、公正和建立正规文档的方式评审其他人的工作。

5）公平地听取同事的意见、所关注的事情或任何抱怨。

6）协助同事全面了解当前的标准工作惯例，包括保护口令和文件（protect passwords and files）、常规的安全措施，以及其他有关隐私信息的政策和规程。

7）不要干涉任何同事的职业进步和发展。

8）不要为寻求个人的利益而暗中破坏其他软件工程师的工作。

9）对处于自己能力领域之外的情形，应征询相应领域的其他专业人员的意见。

8. 准则 8：本人（self）

软件工程师应该在他们的整个职业生涯中，努力增加他们从事自己的职业所应该具有的能力。特别地，软件工程师应该始终努力做到以下几点。

1）进一步提高在软件和相关文档的设计、开发和测试方面的知识水平，以及开发过程管理方面的知识。

2）提高在合理的时间内以合理的费用创建安全、可靠和高质量软件的能力。

3）提高编写准确的、信息丰富的和语言流畅的文档的能力，以支持所使用的软件。

4）提高对所使用的软件和相关文档的理解，以及对这些软件和文档将要应用的环境的理解。

5）提高对管理所使用的软件和相关文档的法律知识的了解。

6）提高对《软件工程师职业道德规范和标准》的理解及将其应用于自身工作中。

7）不要要求或影响其他人从事任何违反《软件工程师职业道德规范和标准》的活动。

8）违反《软件工程师职业道德规范和标准》将被视为与软件工程师职业不符的行为。

习　　题

1．什么是软件危机？软件危机主要表现在哪些方面？

2．软件生命周期包括哪几个阶段？

3．什么是软件工程？软件工程的目标是什么？

4．什么是软件过程模型？常见的软件过程模型都有什么？

5．瀑布模型和快速原型模型结合起来是什么模型？该模型图中的四个象限分别代表什么活动？

第2章　可行性研究与需求分析

2.1　可行性研究

任何一个完整的软件工程开发项目都是从软件项目立项开始的。项目立项分为项目发起、项目论证、项目审核和项目确立四个过程。其中，项目论证就是可行性研究（feasibility study）过程，该过程是指在项目进行开发过程之前，根据项目发起文件和实际情况，对该项目是否能在有限的资源、人力、时间等制约条件下，完成待开发项目做出评价，并且确定它是否值得去开发。

可行性研究的目的主要是在尽可能短的时间内，确定问题是否有足够的价值去解决，是否在自己的能力解决范围内，而不考虑问题的解决方式。可行性研究的结论有以下三种情况：①可行，即按照预订的计划继续执行；②基本可行，即需要根据实际情况对原有计划进行修改；③不可行，即终止待开发软件项目，并给出终止原因。

2.1.1　可行性研究内容

可行性研究的内容需要从多个方面进行，主要包括经济可行性（economic feasibility）、技术可行性（technical feasibility）、操作可行性（operational feasibility）、法律可行性（legal feasibility）、风险可行性（risk feasibility）、市场可行性（market feasibility）和时间可行性（time feasibility）等。

1）经济可行性研究分析项目的成本和收益。它主要是把系统开发和运行所需要的成本与得到的效益进行比较，进行成本效益分析。在此可行性研究下，我们需要先对开发项目的成本进行详细分析，主要包括最终开发所需的所有成本，如所需的硬件资源和软件资源、设计和开发成本及运营成本等。然后，分析该项目是否能为组织财务带来收益。

2）技术可行性研究先对硬件和软件及所需的技术进行分析和评估，再进行项目开发。技术可行性研究报告需要说明是否存在正确的所需资源和技术，这些资源和技术能否用于项目开发。除此之外，技术可行性研究还分析技术团队的技术技能和能力，判断是否可以使用现有技术，对所选技术的维护和升级是否容易等。

3）操作可行性研究主要考虑系统能否真正地解决问题，同时分析为需求提供服务的程度，以及产品在部署后易于操作和维护的程度。除此以外，其他操作范围还需要分析产品的可用性，软件开发团队确定建议的解决方案是否可接受等。

4）法律可行性研究主要从项目的合法性角度进行分析。这包括分析项目法律实施的障碍、数据保护法或社会媒体法律、项目证书、许可证、版权等。因此，我们可以说法律可行性研究是一项旨在了解拟议项目是否符合法律和道德要求的研究。

5）风险可行性研究主要考虑项目在实施过程中可能遇到的各种风险因素，以及每种风险因素可能出现的概率和出现风险后造成的影响程度。

6）市场可行性研究主要包括研究市场发展历史与发展趋势，说明本产品处于市场的发展阶段；分析本产品和同类产品的价格；统计当前市场的总额、竞争对手所占的份额，分析本产品能占的份额；分析产品消费群体特征、消费方式及影响市场的因素；分析竞争对手的市场状况；分析竞争对手在研发、销售、基金、品牌等方面的实力；分析自己的实力等。

7）时间可行性研究主要考虑项目完成的时间。如果一个项目需要很长时间去完成，它失败的风险就会大大增加。通常，该项研究意味着我们需要估计系统开发的时间需求，以及是否可以使用一些规定（如回收期）在给定的期限内完成。时间可行性研究是一个用来衡量项目所需时间是否合理的方法。

2.1.2　成本-效益分析

项目可行性研究的关键是经济的可行性，而成本-效益分析（cost-benefit analysis）的目的就是从经济的角度衡量和评价一个待开发的软件项目是否可行，通过先估算待开发的软件项目的成本，然后与要取得的经济效益（economic benefits）进行比较衡量。有形效益（tangible benefits）可用货币的时间价值（time value of money）、纯收入（net income）、投资回收期（payback period）和投资回收率（investment recovery rate）等指标进行度量；无形效益（intangible benefits）主要从性质上、心理上进行衡量，很难直接进行量的比较。

（1）成本估算

软件开发成本主要表现为人力消耗。成本估算（cost estimation）一般采用几种典型的估算技术，下面主要介绍两种技术。

1）代码行（line of code，LOC）技术。代码行技术是比较简单的定量估算方法，它把开发每个软件功能的成本和实现这个功能需要用的源代码行数联系起来。通常根据经验和历史数据估计实现一个功能需要的源程序行数。对于采用不同编程语言所编写的源程序代码行数，则采用乘系数的形式进行换算来确定。每行代码的平均成本主要取决于软件的复杂程度和工资水平。

2）任务分解（work breakdown）技术。任务分解技术首先把软件开发工程分解为若干个相对独立的任务，再分别估计每个单独的开发任务的成本，最后累加起来得出软件开发过程的总成本。估计每个任务的成本时，通常先估计完成该项目需要的人力，再乘以每人每月的平均工资而得出每个任务的成本。常用的办法是按开发阶段划分任务，如果软件系统很复杂，由若干个子系统组成，则可以把每个子系统再按开发阶段进一步划分成更小的任务。针对每个开发工程的具体特点，并且参照以往的经验尽可能准确估计每个阶段实际需要使用的人力值。表 2.1 为典型软件开发各阶段人力分配表。

表 2.1　典型软件开发各阶段人力分配表

任务	人力/%
可行性研究	5
需求分析	10
总体设计	10
详细设计	15
编码	15
测试	45
总计	100

（2）货币的时间价值

针对有形效益的分析，投资是现在进行的，效益是将来获得的，不能简单地比较成本和效益，应该考虑货币的时间价值。通常用利率的形式表示货币的时间价值。假设年利率为 i，如果现存资金为 P 元，则 n 年后可以得到的钱数 F 为 $P(1+i)^n$，这也就是 P 元在 n 年后的价值。反之，如果 n 年后能收入 F 元，那么这些货币的现在价值是 $P = F/(1+i)^n$。

例如，假定开发一款超市管理系统需要 20000 元，系统建成后估计每年能够节省 6000 元，如果软件可以使用 4 年，则共节省 24000 元，假定年利率为 2%，利用货币公式计算出建立该系统后，每年预计节省的现有货币情况如表 2.2 所示。

表 2.2　货币时间价值

年数	将来价值/元	年利率公式（1+i）^{n}	现在价值/元	累计现在价值/元
1	6000	1.02	5882.353	5882.353
2	6000	1.0404	5767.013	11649.366
3	6000	1.061208	5653.935	17303.301
4	6000	1.08243216	5543.073	22846.374

（3）纯收入

纯收入是衡量项目价值的一项经济指标，它是指在整个生命周期之内系统的累计经济效益（折合成现在值）与投资成本之差。这就相当于比较投资开发一个软件项目与把现金存到银行中（或贷给其他企业）这两种方案的优劣。纯收入的值越大，项目越值得投资；反之，则项目越不值得投资。

例如，在表 2.2 中，累计经济效益（折合成现在价值）为 22846.374 元，开发超市管理系统需要 20000 元，纯收入预计为

$$22846.374 - 20000 = 2846.374（元）$$

（4）投资回收期

投资回收期是衡量项目价值的另一项经济指标，它是指使累计的经济效益等于最初

投资额所需要的时间。显然，投资回收期越短就能越快获得利润，这个项目也就越值得投资。

例如，在表 2.2 中，超市管理系统第 3 年后的累计现在价值为 17303.301 元，与投资成本相比有差距，估计 3 年多的时间能收回成本，其实际预算投资回收期为

$$20000-17303.301=2696.699（元）$$

$$2696.699/5543.073 \approx 0.486$$

因此，超市管理系统的投资回收期为 3.486 年，回收期较长，推断应谨慎投资此项目。

（5）投资回收率

投资回收率也是衡量项目价值的一项经济指标。把资金存入银行或贷给其他企业能够获得利息，通常用年利率（annual interest rates）来衡量，利用类似的方法来计算投资回收率，用它衡量投资效益的大小，并且可以把它和年利率进行比较。在衡量项目的经济效益时，投资回收率是重要的参考数据。

2.1.3　可行性研究步骤

进行可行性研究的步骤并不是一成不变的，需要根据项目的性质、特点及开发团队的能力实时变通、有所区分。一个典型的可行性研究步骤一般可以归纳为以下五步。

（1）明确系统目标

在明确系统目标步骤中，进行可行性分析的人员需要访问相关的项目人员，同时阅读并分析掌握的材料，发现并确认用户需要解决的问题的本质，从而明确系统的目标，以及为了达到这些目标系统所需的各种资源。

（2）分析研究现行系统

现行系统是新系统重要的信息来源。新系统应该完成现行系统的基本功能，并在此基础上对现行系统中存在的问题进行改善或修复。常常从三个方面对现有系统进行分析，分别是系统组织结构定义、系统处理流程分析和系统数据流分析。其中，系统组织结构定义可以用组织结构图来描述。由于系统处理流程分析的对象是各部门的业务流程，因此用系统流程图来描述。系统数据流分析和业务流程紧密相连，可以用数据流图（data flow diagram，DFD）和数据字典（data dictionary，DD）来表示。

（3）设计新系统的高层逻辑模型

设计新系统的高层逻辑模型（high-level logical model）从较高的层次设想新系统的逻辑模型，概括地描述开发人员对新系统的理解和设想。

（4）获得并比较可行的方案

依据新系统的高层逻辑模型，开发人员可以提出实现此模型的不同方案。在设计方案的过程中，还需要从经济和技术等角度考虑各种方案的可行性。然后，根据可行性分析得出的结果从多个方案中遴选出最优的解决方案。

（5）撰写可行性研究报告

撰写可行性研究报告（feasibility study report）是最后一个步骤。根据上述步骤确定的项目内容，按照规定的行文格式撰写可行性研究报告，提交用户和管理层进行审查，审查通过后进入下一个开发阶段。一般项目的可行性研究报告的内容，大致包括引言、可行性研究的前提、对现有系统的分析、所建议的系统、可选择的其他系统方案、投资及效益分析、社会因素方面的可行性及结论。

2.1.4　可行性研究报告

1. 可行性研究报告的定义

可行性研究报告是一种试图促成某种行动的证词。决策者可能会有很多选择，可行性研究报告可以说服或帮助决策者在可用选项之间进行选择。此外，可行性研究报告还能够确定是否可以使用可用资源量来完成所调查的任务，或者完成任务需要的资源。可行性研究在许多不同的情况（如活动策划、财务，甚至改造自己的住房）下可能很有用。

2. 可行性研究报告的七个要素

1）介绍（introduce）——需要说服决策者考虑任何类型的替代方案，说服他们先阅读该项目的报告，告诉他们通过考虑该项目，他们个人或作为一个组织将获得什么。

2）标准/约束（standards / constraints）——必须明确制定出符合理想结果的标准。这将有助于做出符合实际情况和合乎逻辑的决定。可以通过以下两种方式之一在可行性报告中显示标准。第一种方式是，有自己的标准并在报告中详尽地阐述和表达出来，这是最佳选择方式。第二种方式是，有相关的标准可供选择或参考，可以在整个报告中采纳或引入该标准。最重要的是要认识到，无论选择哪种策略，都必须确保在报告的早期引入标准。规划出建议解决方案的限制也是非常重要的，这将向用户表明您理解并承认没有任何解决方案是完美无瑕的。

3）方法（method）——呈现准确且相关的事实非常重要。应该说明使用的可靠研究方法或来源（互联网、采访、书籍等）。如果没有可靠的研究方法或来源，文档本身将缺乏可信度。

4）备选方案概述——必须强调每个可能方案的主要特点，确保它们易于理解并以友好的布局呈现，目标是让观众做出最佳决定。

5）评估（assess）——这应该是报告的大部分内容，必须使用创建的标准评估选项。添加图表，以表明您已经研究了自己的选择，并提出了支持您的替代方案为何能击败竞争对手的理由的统计数据。

6）结论（conclusion）——需要陈述得出的结论。您如何评估替代方案？然后从哪里开始，哪种替代方案最适合您的组织。

7）建议（suggest）——需要利用经验和知识来说明应该采用的选项。

注意：根据受众、环境、任务等，概述的七个要素都不一定需要包含在可行性研究报告中。另外，这些要素也不需要完全按照上面列出的确切顺序给出。

2.2 需求分析

2.2.1 软件需求的定义

在进行需求分析之前，必须先明白软件需求（software requirements）的定义。只有明晰了软件需求，才能开始需求分析。对系统的需求就是对系统应该做什么、应该提供哪些服务及对其操作的限制的描述。在 IEEE 软件工程术语标准词汇表中，需求被定义为：①用户解决问题或实现目标所需的条件或能力；②系统或系统的组件为满足合同、标准、规范或其他正式强制文件而必须满足或拥有的条件或能力。

软件需求是指对目标系统特性和功能的描述。需求传达了用户对软件产品的期望，从用户的角度来看，需求可以是明显的或隐藏的、已知的或未知的、预期的或意外的。

2.2.2 需求分析的任务

需求分析主要有两个任务。首先是需求分析的建模阶段，即在充分了解需求的基础上，建立起系统的分析模型；其次是需求分析的描述阶段，即把需求文档化，用软件需求规格说明书（software requirement specification）的方式把需求表达出来。

软件需求规格说明书是软件需求分析阶段的输出文档，它全面、清晰地描述了用户需求，是开发人员进行后续软件设计、开发和测试的重要依据。软件需求规格说明书应该具有清晰性、无二义性、一致性和准确性等特点。同时，它只有通过严格的需求验证、反复修改的过程才能最终被确定。

2.2.3 需求分析的步骤

为了准确地获取需求，需求分析必须遵循以下步骤。

1. 可行性研究

用户在接触开发人员以获取所需的开发产品时，需要告诉开发人员自己所了解的软件必须执行的所有功能及所期望软件拥有的特性。软件需求分析师参考用户提供的这些信息，详细研究用户所需的产品及其功能是否在自己小组的开发能力范围内。

在传统软件工程理论中，可行性研究作为一个独立阶段，先于需求分析开始。在现代软件工程理论中，可行性研究可以作为需求分析开始阶段的重要组成部分。它研究分析了软件产品是否可以顺利实施、软件产品对项目组织的贡献程度、约束成本及软件产品是否符合用户的价值观和目标期望。它探讨了项目和产品在技术方面的可行性，如可用性、可维护性、生产力和集成能力等。

2. 需求收集

如果可行性研究报告论证承接该项目是可行的，则下一阶段将从收集用户的需求开始。软件需求分析师和工程师与客户及最终用户沟通，了解他们对软件应该提供的功能及他们希望软件包含哪些功能的想法。

3. 软件需求规格说明书撰写

根据收集的需求撰写软件需求规格说明书就是对要开发的软件系统进行描述，是系统分析师在从各个利益相关者那里收集需求后创建的文档。

软件需求规格说明书定义了预期软件将如何与硬件、外部接口、操作速度、系统响应时间、软件跨各种平台的可移植性、可维护性、崩溃后恢复速度、安全性、质量、限制等交互。从客户那里收到的要求是用自然语言编写的，系统分析师有责任用技术语言记录需求，以便软件开发团队能够理解它们。软件需求规格说明书应具备以下功能。

1）用户需求以自然语言表达。
2）技术要求以组织内部使用的结构化语言表达。
3）设计描述应使用伪代码编写。
4）功能需求、约束等通过表格格式、图片、数据流图及数学符号等来表示。

4. 软件需求验证

软件需求验证（software requirements verification）阶段将对需求文档进行验证，因为用户的要求可能是非法的、不切实际的或专家解释这些要求的过程中可能会出错，如果不将其扼杀在萌芽状态，将导致软件开发成本增加。可以根据以下条件检查需求。

1）需求是否可以实际实施。
2）需求是否有效并且符合软件的功能和领域。
3）需求是否存在任何歧义。
4）需求是否是完整的。
5）需求是否可以证明。

2.2.4　需求获取的过程

需求获取的过程由需求收集、需求组织、谈判和讨论、文档等组成。

1）需求收集：开发人员与客户和最终用户讨论并了解他们对软件的期望。
2）需求组织：开发人员按重要性、紧迫性和方便性的顺序排列需求的优先级。
3）谈判和讨论：如果需求不明确或各个利益相关者的需求存在冲突，则与利益相关者进行谈判和讨论，可以优先考虑需求并合理地妥协。需求来自不同的利益相关者，为了消除歧义和冲突、清晰和正确，应对它们进行讨论。
4）文档：所有正式的和非正式的、功能性和非功能性的需求都被记录下来并提供给下一阶段。

2.2.5　需求获取的途径

需求获取的途径是通过与客户、最终用户、系统用户和其他与软件系统开发有利益关系的人沟通来找出预期软件系统需求的过程。需求获取的途径有以下几种方法。

1. 访谈

访谈（interview）是收集需求的有效途径之一，可以组织多种形式的访谈。一对一访谈在桌子对面的两个人之间进行；小组访谈在参与者多人组成的小组之间进行，由于涉及的人员众多，有助于发现任何缺失的需求。

结构化（封闭式）访谈中每个要收集的信息都是预先决定的，需严格遵循讨论的模式和问题；非结构化（开放）访谈中收集的信息不是提前决定的，更灵活，偏见更少。

2. 调查

需求分析人员可以通过对不同的利益相关者进行调查（investigate）来了解他们对未来系统的期望和要求。

3. 问卷

问卷（questionnaire）是一份包含预先定义的客观问题和相应选项的文件，被交给所有利益相关者进行作答，然后对相关需求问题进行收集和整理。这种技术的缺点是，如果问卷中没有提到某个问题的选项，利益相关者可能会无法关注或不能补充回答。

4. 头脑风暴

在不同的利益相关者之间举行非正式辩论，即头脑风暴（brainstorming），并记录他们的所有意见，以供进一步的需求分析。

5. 原型设计

原型设计（prototype）是在不添加详细功能的情况下构建用户界面，对相关用户解释预期软件产品的功能，它有助于更好地了解软件产品的需求。

2.2.6　功能性需求和非功能性需求

我们应该了解在需求获取过程中可能会出现什么样的需求，以及用户对软件系统的需求是什么。从广义上讲，软件需求应分为功能性需求（functional requirements）和非功能性需求（non functional requirements）两类。

1. 功能性需求

功能性需求定义了软件系统内部必须实现的功能。与软件功能方面相关的需求都属于这一类。例如，开发图书馆管理系统应该具有图书查询、借阅、归还、购买图书等功能。

2. 非功能性需求

非功能性需求是指软件系统应该隐含具有的或预期的功能特征。与软件功能方面无关的需求属于这一类。

非功能性需求包括很多方面，如软件安全、故障恢复特性（recovery features）、数据传输效率（data transfer efficiency）、出错情况处理、接口需求（interface requirements）等。

2.2.7 结构化分析建模

结构化分析（structural analysis）是一种面向数据流自顶向下逐步求精进行需求分析的开发方法，它允许分析师以逻辑方式理解系统及其活动，使用图形工具来分析和改进现有的系统，并开发出用户容易理解的新系统。结构化分析在 20 世纪 80 年代初开始被广为使用。

在结构化分析建模阶段，需求分析师采用各种工具和技术进行系统需求分析和设计，这些图形工具主要包括数据流图（data flow diagram，DFD）、数据字典（data dictionary，DD）、系统流程图（system flowchart）、实体联系图（entity-relationship diagram，E-R 图）、状态转换图（state transition diagram，STD）。

在结构化分析建模过程中，除了上述介绍的图形工具，可使用的图形工具还有很多，由于篇幅的原因在此不一一介绍了，以下着重介绍数据流图、数据字典、状态转换图三种主要的建模工具。

2.3 数 据 流 图

2.3.1 数据流图的定义

数据流图是一种图形化方法，它表示数据在软件中流动和被处理的逻辑过程。在数据流图中没有任何具体的物理部件，就是描绘信息流和数据从输入一直到输出的全过程所经历的变换。数据流图具有以下特性。

1）数据流图显示了系统各种功能之间的数据流，并指定了当前系统的实现方式。

2）数据流图是设计阶段的初始阶段，在功能上将需求划分为最底层的细节。

3）数据流图的图形特性使其成为用户与需求分析师或需求分析师与系统设计师之间的良好的沟通工具。

4）数据流图概述了系统处理哪些数据、执行了哪些转换、存储了哪些数据、产生了哪些结果及它们流向何处。

2.3.2 数据流图的基本要素

在需求分析过程中，数据流图以一种符号形式表示，很容易被用户理解，是非常有效的沟通和交流手段。图 2.1 显示了数据流图符号的含义。

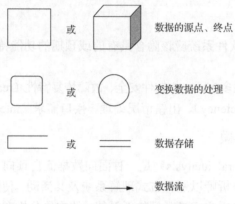

图 2.1　数据流图符号的含义

2.3.3　数据流图的命名

创建数据流图时，需要为数据流（data flow）［或数据存储（data storage）］和数据处理（data processing）等图形符号进行命名，图 2.2 展示了数据流图附加符号的含义。

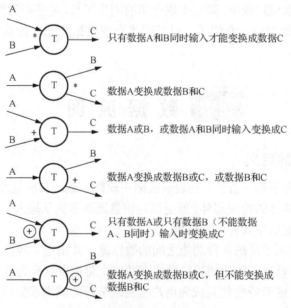

图 2.2　数据流图附加符号的含义

1. 数据流、数据存储命名规则

1）名字应代表整个数据流（或数据存储）的内容，而不是仅仅映它的某些成分。

2）不要使用空洞的、缺乏具体含义的名字，如"数据""信息""输入"之类。

3）如果在为某个数据流（或数据存储）起名字时遇到困难，则很可能是由对数据流图分解不恰当造成的，应尝试重新分解，观察能否克服这个困难。

2. 数据处理命名规则

1）名字应该反映整个处理的功能，而不是它的一部分功能。

2）名字最好由一个具体的动词加上一个具体的宾语构成。

3）通常名字中仅包括一个动词。

4）如果在为某个处理命名时遇到困难，则很可能是发现了分解不当的迹象，应考虑重新分解。

3. 数据源点、数据终点的命名规则

1）数据源点（data source point）、数据终点（data end point）也称系统的外部实体（external entity），其命名规则应该真实、有效，符合系统的业务逻辑。

2）外部实体的名字一般为名词。

3）外部实体可以是人、某个组织或某个系统或子系统等。

2.3.4　数据流图的优缺点

1. 数据流图的优点

1）数据流图帮助我们理解一个系统的功能和局限性。

2）数据流图是一种非常容易理解的图形表示，因为它有助于将内容可视化。

3）数据流图是系统各组成部分的详细说明图。

4）数据流图被用作系统文档文件的一部分。

5）技术人员和非技术人员都可以理解数据流图，因为它们非常容易理解。

2. 数据流图的缺点

1）有时数据流图会使程序员对系统感到困惑。

2）生成数据流图需要很长时间，并且很多时候由于这个原因，需求分析人员拒绝使用数据流图。

2.3.5　分层数据流图

数据流图有助于对软件系统进行分析。对于复杂系统问题的数据处理过程，数据流图应该进行分层处理。分层数据流图一般分为顶层数据流图、中间层数据流图和底层数据流图，除顶层数据流图外，其余分层数据流图从 0 开始编号。对任何一层数据流图来说，称它的上层数据流图为父层数据流图，称它的下层数据流图为子层数据流图。顶层数据流图只含有一个加工，表示整个系统；中间层数据流图是对父层数据流图中的某个加工进行细化；底层数据流图是指其加工不能再分解的数据流图。

绘制分层数据流图时应遵循以下几个原则。

1）自顶向下、逐层分解。数据流图的分层过程就是由系统外部至系统内部、由总体到局部、由抽象到具体建立系统逻辑模型的过程。

2）数据流必须经过加工环节。每条数据流的输入或输出都是加工，即必须进入加工环节或从加工环节流出。

3）编号。根据逐层分解的原则，要为每个数据加工处理进行编号，父层数据流图与子层数据流图的编号要有一致性，一般子层数据流图的图号是父层数据流图上对应的加工的编号。例如，0 层数据流图的图号为 0，其中各数据加工按 1、2、3 等进行编号；1 号加工分解后的子加工按 1.1、1.2、1.3 等进行编号；其他依次类推。

4）保持父层数据流图与子层数据流图平衡，即父层数据流图中某加工的输入（或输出）数据流必须与它的子层数据流图的输入/输出数据流在数量和名字上相同。应该注意的是，如果父层数据流图的一个输入（或输出）数据流对应于图中几个输入（或输出）数据流，而子层数据流图中组成这些数据流的数据项全体正好是父层数据流图中的这一个数据流，那么它们仍然是平衡的。

2.3.6　数据流图实例

以下列举一个高铁自助售票系统（high speed self-service ticketing system）的数据流图分层过程实例。

随着时代的发展和科技进步，高铁运行为我们的旅行提供了越来越方便、快捷的服务。高铁自助售票系统的推出起到了至关重要的作用，旅客只要提供了真实、有效的身份证件和正确、有效的支付方式，它就能为旅客提供直接在售票机上自行选择购买车票、自助取票、打印车票和报销凭证等服务。并且它的支付方式也是多样的，旅客可以自行选择通过现金、银行卡、微信等形式进行付款。

一般高铁自助售票系统的操作流程如下。

1）单击"购票"按钮。

2）选择或输入出发城市和到达城市的车站名称。

3）选择乘车日期。

4）选择合适的车次。

5）选择座位等级和张数。

6）单击"确认购票"按钮，核对车票信息。

7）如果核对无误，则按照屏幕提示信息，在指定位置刷乘车人的二代身份证。

8）选择适合的支付方式付款。

9）付款成功后，根据实际需要选择是否打印报销凭证。

根据上述操作流程简化设计步骤，假设支付方式固定为银行卡支付，需要打印报销凭证，并且旅行城市信息、日期、车次、座位、身份证验证信息等都由高铁自助售票系统内部设计产生，则高铁自助售票系统的底层数据流图元素分析如表 2.3 所示。

表 2.3　高铁自助售票系统的底层数据流图元素分析

源点/终点	处理
旅客	录入城市 选择车次 选择日期 选择座位及张数 身份验证 支付 打印报销凭证
数据流	**数据存储**
旅行信息 车次信息 日期信息 座位及张数信息 身份证/银行卡 报销凭证 验证失败、余额不足	城市信息 车次信息 日期和座位信息 乘车信息 身份证信息 银行信息

　　高铁自助售票系统的底层数据流图的四种元素都已经在表 2.3 中表述清楚了，通过对信息进行分析，对高铁自助售票系统来说，与它进行交互的外部实体便是旅客。旅客先向高铁自助售票系统提供旅行信息，然后提供身份证进行身份验证，验证失败将无法进行购票操作，验证成功之后可以使用银行卡进行购票操作，若余额不足则无法进行购票。购票成功之后，系统将购票信息写入身份证中。最后旅客拿到报销凭证，购票完成。高铁自助售票系统的顶层数据流图如图 2.3 所示。

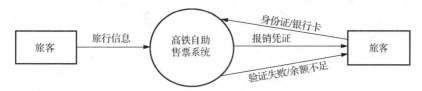

图 2.3　高铁自助售票系统的顶层数据流图

　　对于整个购票系统来说，大体将购票过程分为两部分，分别是乘车信息录入、身份验证及支付。也就是说，旅客首先提供旅行信息给系统，确认好城市信息、车次信息、日期及座位和张数信息后，系统进行乘车信息录入并保存乘车信息，此时旅客进行身份验证，验证成功之后，便可以使用银行卡根据乘车信息购票，若验证失败或余额不足则无法成功购票，购票成功后，系统将报销凭证传给旅客。高铁自助售票系统的中间层数据流图如图 2.4 所示。

　　购票过程中的后两个部分还可以进行细化。成功登录系统之后，旅客便可以选择出发地及目的地，之后系统会显示可以乘坐的车次信息。旅客根据自身的情况选择好适合自己出行的车次。确定好车次之后，系统便会根据系统中的座位表信息为旅客分配好座位。以上的信息选择完成后，旅客要确认自己的购买信息。确认好之后，进行付款。付款成功之后，旅客的购票信息便会被存储。之后，身份证便会携带购票信息。旅客在乘车之前，只需出示自己的身份证进行检验即可。高铁自助售票系统的底层数据流图如图 2.5 所示。

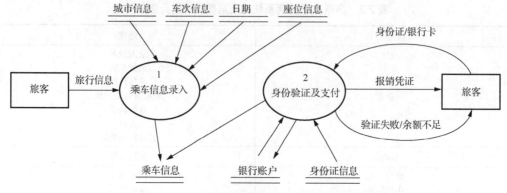

图 2.4 高铁自助售票系统的中间层数据流图

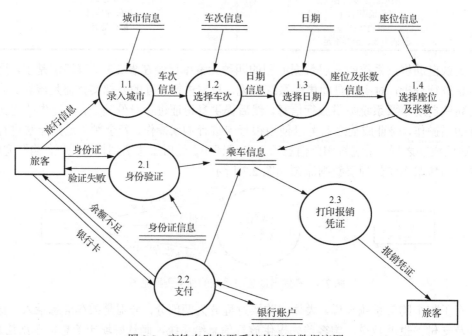

图 2.5 高铁自助售票系统的底层数据流图

2.4 数据字典

结构化分析作为一种建模技术,其核心是数据字典包括目标系统中使用的和生成的所有数据对象。围绕这个核心有三种图形工具,构建了功能模型、数据模型、行为模型:①数据流图描述数据在系统中如何被传送或变换,以及如何对数据流进行变换的功能(子功能),用于功能建模;②实体关系图描述数据对象及数据对象之间的关系,用于数据建模;③状态转换图描述系统对外部事件如何响应、如何动作,用于行为建模。

2.4.1 数据字典的定义

数据字典是数据库、信息系统或研究项目中所有数据元素的名称、定义和属性的集合。它描述了项目上下文中数据元素的含义和目的，并提供了有关解释、公认含义和表示的说明。另外，数据字典也是数据流图的数据补充说明工具，也就是数据流图中包含的所有元素的定义的集合。

描述数据字典的元素组成关系类型有以下四种。

1）顺序（sequence）：以确定的次序连接多个数据元素。

2）选择（selection）：从多个可能元素中选取一个。

3）重复（repetition）：按照指定的次数重复定义元素。

4）可选（optional）：一个元素可以出现零次或一次。

为了更加清晰地描述数据字典的元素的组成关系，还可以使用一些类型符号加以表示，如表 2.4 所示。

表 2.4 数据字典符号表示

符号	含义	举例
=	被定义为	日期=年+月+日
+	与（and）	例如，x=m+n，表示由 m 和 n 组成
[…,…]或[…│…]	或（or）	例如，x=[m,n]，x=[m│n]，表示由 m 或由 n 组成
{…}	重复	例如，x={m}，表示 x 由 0 个或多个 m 组成
m{…}n	重复	例如，x=2{n}5，表示 x 中至少出现 2 次 n，至多出现 5 次 n
(…)	可选	例如，x=(m)，表示 m 可在 x 中出现，也可不出现
"…"	基本数据元素	例如，x="m"，表示 x 为取值为 m 的数据元素
..	连接符	例如，x=1..100，表示 x 可取 1~100 的任一值

2.4.2 数据库中的数据字典

数据字典通常包含有关特定数据集的属性或字段的信息。在关系数据库中，数据字典中的元数据包括以下内容。

1）数据库中所有表的名称及其所有者。

2）所有索引的名称及这些索引中的表所关联的列。

3）在表上定义的约束，包括主键（major key）、与其他表的外键（foreign key）关系及非空约束。

4）关于表的附加物理信息，包括它们的存储位置、存储方法等。

【例 2-1】假设有一个商品库存清单（表 2.5），包含库存商品的相关信息，如编号、商品名称、规格型号、货架号、单位、供应商、入库日期、库存量、单价、备注等。每条记录在电子表格中占据一行，而各个列提供了描述该记录的属性元素（无论它是可选的还是记录必需的、数据类型、位置等）。

表 2.5　商品库存清单

编号	商品名称	规格型号	货架号	单位	供应商	入库日期	库存量	单价/元	备注

数据字典描述如下：

商品库存清单=1{编号+商品名称+规格型号+货架号+单位+供应商+入库日期+库存量+单价+备注}30

编号="0000000001"…"9999999999"（注：编号规定由 10 位数字组成）

商品名称=4{字符}30

规格型号="001"…"009"（注：规格型号由 3 位数字组成）

货架号="01"…"50"（注：货架号由两位数字组成）

单位=1{字符}3

供应商=4{字符}50

入库日期=年+月+日

库存量=1..500（注：库存可取 1～500 的任一值）

单价（元）=10..100（注：单价可取 10～100 的任一值）

备注=0{字符}300

字符=["a".."z"|"A".."Z"]

年="0001".."9999"

月="01".."12"

日="01".."31"

2.4.3　数据字典的词条描述

数据字典对数据流图中每个被命名的图形元素均加以定义，其内容包括图形元素的名字、图形元素的别名或编号，以及图形元素类别（如加工、数据流、数据存储、数据元素、数据源点等）描述、定义、位置等。下面具体说明几种数据流图中的不同词条内容。

1．加工词条

加工可以使用诸如判定表、判定树和结构化语言等形式表达，主要描述有以下几个。

1）加工名：要求与数据流图中该图形元素的名字一致。

2）编号：用于反映该加工的层次和"亲子"关系。

3）简述：加工逻辑及功能简述。

4）输入：加工的输入数据流。

5）输出：加工的输出数据流。

6）加工逻辑：简述加工程序、加工顺序。

2. 数据流词条

数据流是数据结构在系统内的传播路径。一个数据流词条应包括以下内容。

1) 数据流名：要求与数据流图中该图形元素的名字一致。

2) 简述：简要介绍它产生的原因和结果。

3) 组成：数据流的数据结构。

4) 来源：数据流来自哪个加工或作为哪个数据源的外部实体。

5) 去向：数据流流向哪个加工或作为哪个数据源点的外部实体。

6) 流通量：单位时间数据的流通量。

7) 峰值：流通量的极端值。

3. 数据存储文件词条

数据存储文件是数据保存的位置。一个数据存储文件词条应包括以下内容。

1) 文件名：要求与数据流图中该图形元素的名字一致。

2) 简述：简要介绍存放的是什么数据。

3) 组成：文件的数据结构。

4) 输入：从哪些加工获取数据。

5) 输出：由哪些加工使用数据。

6) 存取方式：分为顺序、直接、关键码等不同的存取方式。

7) 存取频率：单位时间的存取次数。

4. 数据元素词条

数据流图中的每个数据结构都是由数据元素构成的，数据元素是数据处理中最小的、不可再分的单位，它直接反映事物的某一特征。

1) 名称：数据元素名称要求与数据流图中元素的名字一致。

2) 类型：数据元素分为数字型与文字型。数字型又分为离散值和连续值，文字的类型用编码类型和程度区分。

3) 取值范围：针对不同数据元素类型，取值范围要求与实际情况相符合。

4) 长度：与数据元素实际要求相符合。

5) 其他情况说明：包括相关的数据元素和数据结构的说明等。

5. 数据源点及数据终点词条

对于一个数据处理系统来说，数据源点和数据终点应该会比较少。如果过多则表明独立性差，人机界面复杂。定义数据源点和数据终点时应包括以下几项内容。

1) 名称：要求与数据流图中该外部实体的名字一致。

2) 简述：简要描述是什么外部实体。

3）有关数据流：该实体与系统交互时涉及哪些数据流。

4）数目：该实体与系统交互的次数。

2.4.4　数据字典的优缺点

1. 数据字典的优点

数据字典可以成为组织和管理大型数据列表的强有力工具，优点如下。

1）提供有组织、全面的数据列表。

2）易于搜索。

3）可以为跨多个程序的数据提供报告和文档。

4）简化系统数据要求的结构。

5）无数据冗余。

6）跨多个数据库保持数据完整性。

7）提供不同数据库表之间的关系信息。

8）在软件设计过程和测试用例中很有用。

2. 数据字典的缺点

尽管数据字典提供了数据属性的完整列表，但对于某些用户而言，它可能难以使用。数据字典的缺点如下。

1）未提供功能细节。

2）视觉上不吸引人。

3）非技术用户难以理解。

2.5　状态转换图

状态转换图通过描绘系统的状态及引起系统状态转换的事件来表示系统的行为。此外，状态图还指明了作为特定事件的结果系统将做哪些动作。状态转换图是结构化分析建模中建立行为模型的工具，具体描述包括状态（state）、事件（event）、符号（symbol）三个部分。

1. 状态

状态是任何可以被观察到的系统行为模式，一个状态代表系统的一种行为模式。状态规定了系统对事件的响应方式。在状态图中定义的状态主要有初始状态（initial state）、最终状态（terminal state）和中间状态（intermediate state）。在一张状态图中只能有一个初始状态，而最终状态则可以有 0 个或多个。状态图既可以表示系统循环运行过程，又可以表示系统单程生命期。

2. 事件

事件是在某个特定时刻发生的事情，它是对引起系统做动作或（和）从一个状态转换到另一个状态的外界事件的抽象。事件就是引起系统做动作或（和）转换状态的控制信息。

3. 符号

1）在状态图中，初始状态用实心圆表示，最终状态用一对同心圆（内圆为实心圆）表示，分别如图 2.6 和图 2.7 所示。

图 2.6 初始状态　　　　　　　　　　　　图 2.7 最终状态

2）中间状态用圆角矩形表示，可以用两条水平横线把它分成上、中、下三部分。上面为状态的名称，这部分是必须有的；中间为状态变量的名字和值（这部分是可选的）；下面是活动表的具体动作（这部分是可选的），如图 2.8 所示。

图 2.8 状态符号

3）状态图中两个状态之间带箭头的连线称为状态转换（state transition），箭头指明了转换方向。状态转换通常是由事件触发的，在这种情况下，应在表示状态转换的箭头线上标出触发转换的事件表达式；如果在箭头线上未标明事件，则表示在源状态的内部活动执行完之后自动触发转换，如图 2.9 所示。

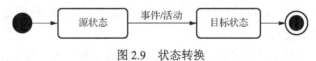

图 2.9 状态转换

【例 2-2】复印机的工作状态过程大致为：从开始"预热"状态进入"就绪"状态，未接到复印工作命令时，一直处于"就绪"状态；接到复印工作命令时，进入"复印工作"状态，完成工作后又回到"就绪"状态。如果在执行复印过程中出现错误，发现没有纸则进入"缺纸"状态，发出警报，装满纸之后，回到"就绪"状态。如果执行复印命令时发现缺墨，则进入"缺墨"状态，发出警报，待工作人员添加完墨之后，回到"就绪"状态。如果执行复印命令时发生卡纸，则进入"卡纸"状态，发出警报，待工作人员处理卡纸恢复工作后，返回到"就绪"状态。具体状态转换图描述过程如图 2.10 所示。

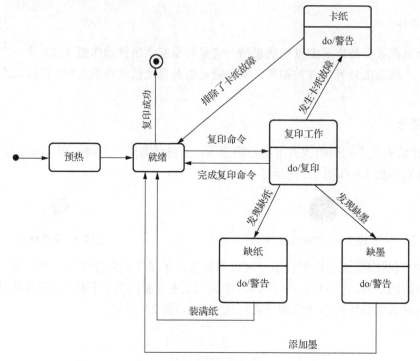

图 2.10　状态转换图实例

2.6　软件需求规格说明书

2.6.1　软件需求规格说明书的定义

软件需求规范（software requirements specification，SRS）是对要开发的软件系统的描述。它是按照业务需求规范建模的，也称干系人需求规范。软件需求规范列出了功能性需求和非功能性需求，它可能包括一组描述用户交互的用例，软件必须向用户提供这些用例以实现完美的交互。

软件需求规格说明书列出了项目开发的充分和必要的需求。为了导出需求，开发人员需要对开发中的产品有清楚而透彻的理解，这是通过在整个软件开发过程中与项目团队和客户进行详细和持续的沟通来实现的。软件需求规范也可以是合同的可交付数据项描述之一，或者具有其他形式的组织授权内容。通常，软件需求规范是由技术作者、系统架构师或软件程序员编写的。

2.6.2　软件需求规格说明书的结构

软件需求规格说明书的结构如图 2.11 所示。

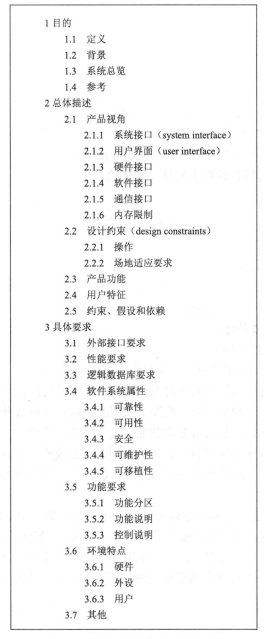

图 2.11 软件需求规格说明书的结构

2.6.3 软件需求说明书的目标及作用

软件需求规范是用户和软件设计者之间的沟通工具。软件需求规范的具体目标如下。

1）促进审查。

2）描述工作范围。

3）为软件设计者提供参考（即导航辅助、文档结构）。

4）提供用于测试主要和次要用例的框架。

5）包括功能客户要求。

6）提供一个持续改进的平台（通过不完整的规范或问题）。

软件需求规范为客户与承包商或供应商之间就软件产品应如何运行达成协议奠定了基础（在市场驱动的项目中，这些角色可能由营销部门和开发部门扮演）。软件需求规格说明书是在更具体的系统设计阶段之前对需求进行的严格评估，其目标是减少后期的重新设计。它还应该为估计产品成本、风险和进度提供一个现实的基础。如果使用得当，则软件需求规范可以帮助防止软件项目失败。

习　　题

1．为什么要使用数据字典？

2．假设某公司开发一个软件共花费 10000 元，软件使用后每年收益 5000 元，年利率为 10%，使用 3 年，哪年开始赚钱？

3．需求分析的步骤是什么？

4．为什么要使用数据字典？

5．根据下列描述，画出教材订购系统的中间层数据流图。

学生入学以后，统一到学校的教材科征订书，教材科根据教材库存情况分析是否需要购书，如果需要购买，则向书店订购图书。同时，向计划财务处发收款通知，告知学生向计划财务处付书款，计划财务处收款后，给学生购书收据。书店向计划财务处发应付款通知，计划财务处向书店付款，书店给计划财务处发票，自此购书成功。购书成功后由书店发书给教材科，由教材科发书给学生。系统中的各种资金往来都是由学校的计划财务处来办理的。

6．根据下面的描述，应用状态转换图来表示课程在整个学期的动态行为。

学校教务管理系统在新学期开始时由教务管理人员创建课程，添加到数据库中，教务管理人员可修改、删除课程信息；当学生选课时，如果选课人数达到课程人数上限最大值，则锁定该课程，不允许其他学生再选这门课程；在学期结束时课程状态终止。

第 3 章 软件设计工程

3.1 设计工程简介

软件生命周期的重要过程之一就是软件设计阶段（software design stage），它是软件编程的上一阶段，软件设计的质量直接决定和影响着整个软件项目的开发质量，起到承上启下的作用，它又分为总体设计和详细设计两个阶段。总体设计的主要任务是，通过仔细分析软件需求规格说明书，适当地对软件进行功能分解，从而把软件划分为模块，并且设计出完成预订功能的模块结构。详细设计的主要任务是在详细地设计每个模块的功能后，确定每个模块所需要的算法和数据结构。

软件设计从软件需求规格说明书出发，根据需求分析阶段确定的软件系统功能，来设计软件系统的整体结构、划分功能模块、确定每个模块的具体实现算法和数据结构，形成软件的具体设计方案。

针对软件设计，首先要明确软件需求，软件需求解决软件"做什么"的问题，软件设计解决软件"怎么做"的问题。软件设计包括软件的结构设计、数据设计、接口设计和过程设计等。软件设计方法包括结构化设计（structured design）、面向对象设计（object-oriented design）两类设计方法。

传统的软件工程方法学采用结构化设计技术来完成软件设计工作，通常把软件设计工作划分为总体设计和详细设计两个阶段。现代面向对象方法学采用面向对象设计技术，在设计中要映射现实世界中指定软件系统问题域中的对象和实体，通过构建与现实世界相对应的对象模型、功能模型和行为模型，来实现软件系统的设计和开发。

3.2 设计过程和质量

软件设计是软件生命周期中开发阶段重要的步骤，是将软件需求准确地转化为完整的软件产品或系统表示的过程。它的基本目标是用比较抽象、概括的方式确定目标系统如何完成预订的任务，软件设计过程是确定软件系统物理模型的过程。

1．软件设计过程

从技术的角度来看，软件设计过程包括以下几个技术过程。

1）软件结构设计（software structure design）的主要任务是确定软件系统各主要组成部分之间的关系。

2）数据设计（data design）的任务是将分析时创建的模型转化为数据结构的定义。

3）接口设计（interface design）描述了软件内部、软件和协作系统之间及软件与人之间如何通信。

4）组件设计（component design）的主要任务是根据软件需求设计出可实现系统功能的良好组件。

5）过程设计（process design）是将软件系统结构部件转换为软件的过程性描述。

在上述软件设计过程中，软件结构设计意义重大，而良好的软件结构设计面临着以下几个问题：软件的组成部分、软件的层次关系、模块的内部处理逻辑、模块之间的界面。

2．软件设计质量

软件设计过程的优劣直接决定着软件系统的质量，软件质量可以用一系列质量属性来进行描述，包括以下几个。

1）功能性（functionality）是评估软件产品质量整个生命周期的一个特征，存在一系列功能和特殊属性。

2）可用性（availability）是在某个考察时间，系统能够正常运行的概率或时间占有率期望值。

3）可靠性（reliability）是指产品、系统在一定时间内、在一定条件下无故障地执行指定功能的能力或可能性，可通过可靠度、失效率、平均无故障间隔等来评价。

4）性能（performance）是指软件产品能够实现用户要求的功能的程度和在使用期内系统功能所保持的技术特性。

5）可维护性（maintainability）是指理解、改正、改动、改进软件的难易程度。

3.3　设 计 技 术

软件设计就是从不同的层次和角度将事物及问题抽象起来，通过模块化原则将问题或事物分解，使待解决的问题更容易求解，设计者要更多地考虑模块之间的关联度情况，即模块耦合度的问题。设计技术涉及抽象（abstraction）、信息隐藏（information hiding）、局部化（localization）、模块化（modularization）、模块独立性（module independence）、设计模式（design pattern）等方面的技术。

3.3.1　抽象

人类在实践中通过自己的感官直接接触客观外界，引起许多感觉，在头脑中有了许多印象，这就形成对各种事物的感性认识。但感性认识往往是比较肤浅和模糊的，要用它来进行有助于自身行为的理性思维，就必须对它进行进一步的加工、提炼，形成概念，得到新的认知，这个过程就是抽象概括的过程。具体地说，抽象就是人们在实践的基础上，对丰富的感性材料通过去粗取精、去伪存真、由此及彼、由表及里的加工制作，形成概念、判断、推理等思维形式，以反映事物的本质和规律的方法。从哲学的角度看，抽象就是从众多的事物中抽取出共同的、本质的特征，而舍弃其非本质的特征的过程。

1. 为什么需要抽象

因为抽象可以屏蔽差异性，对于使用者来说，调用的对象都一样，使用者并不关心软件功能的具体实现过程。写软件不仅仅是实现功能需求，这只是基本的，除此之外，还需要考虑可移植、可扩展、易维护，这就延伸出软件分层的需要了，如果不分层，则移植、扩展、维护都是很麻烦的事情。软件分层之后，需要移植平台，修改驱动层；需要增加应用，扩展应用功能；主框架不动，哪里不对改哪里，这就是分层的优势，而层与层之间的接口就需要进行抽象。

2. 在什么时候进行抽象

在每层的接口函数中实现抽象功能，并提供函数调用需要的输入、输出即可。每个接口函数是对对象的方法类型抽象，接口函数的形参就是对对象的数据类型抽象，不论操作什么对象，对于接口调用者来说并不受影响。

3. 如何进行抽象

1）找到共同的数据类型，用结构体打包。
2）找到共同的方法类型，分别用函数实现。

好的程序设计框架，在于用正确的方法分层、分类地拆分程序问题，再使用共同的数据类型和共同的方法类型，将层与层之间抽象化，实现抽象编程，进而实现可移植、可扩展、易维护。

3.3.2　信息隐藏和局部化

信息隐藏是指在设计和确定模块时，使得模块内的特定信息（包括过程和数据等），对于不需要这些信息的其他模块不能访问该信息，即对使用模块的用户隐藏模块实现相关的信息。信息隐藏意味着有效的模块化可以通过定义一组独立的模块来实现，这些模块彼此之间仅仅交换那些为了完成系统功能所必需的信息。

局部化是指把一些关系密切的软件元素放得彼此靠近。很显然，局部化有利于信息隐藏，局部化与信息隐藏是密切相关的。

如何进行信息隐藏呢？通常是将相关元素集中起来模块化，将关系紧密的数据与函数整合在一起，隐藏模块的内部状态和内部函数，阻止外部对内部的直接访问。这样使模块内有哪些数据、函数是用何种逻辑实现功能的这些信息全部对外隐藏，外部无法直接访问模块内的数据，模块的函数也尽量不公开。

信息隐藏的意义和作用如下。

1）将用户不必知晓的内部详细信息隐藏起来，可以减少接口的代码量，让信息交互变得更简洁，降低代码的复杂程度。

2）从用户的角度来看，排除了多余信息的干扰，模块的使用方法变得更加简单。

3）公开的部分越少，模块内部的修改就越不容易影响到外部，这样可以将修改代码的范围控制到最小。

3.3.3　模块化和模块独立性

模块是软件结构的基础，是软件元素，是能够独立命名、独立完成一定功能的程序语句的集合，并且可以用一个总体的标识符来表示，如编程语言中的函数、过程、子程序等。从广义上讲，面向对象方法中的对象也是模块，对象内部的方法也是模块，模块是系统程序的基础构件。

"模块化"这个词最早出现在研究工程设计中的 *Design Rules* 一书中。之后模块化原则还只是作为计算机科学的理论，尚不是工程实践。软件模块化的原则也是随着软件的复杂性诞生的。从开始的机器码、子程序划分、库、框架，再到分布在成千上万公里的互联网主机上的程序库，软件复杂性日益加深，而模块化是解决软件复杂性的重要方法之一。模块化就是把程序划分为独立命名且可以独立访问的模块，每个模块完成一个具体的子功能；软件模块化的过程就是在解决复杂性问题时通过自顶向下逐层将软件系统分解成若干个功能独立的模块的过程。

模块化以分治法为依据，但并不意味着把软件无限制地细分下去。事实上，当分割过细，模块总数增多，每个模块的成本确实减少了，但模块接口所需代价随之增加，如图 3.1 所示。要确保模块的划分合理，还需要综合考虑信息隐藏、局部化、模块独立性原则等情况。

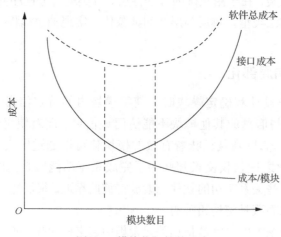

图 3.1　模块化与软件成本

由此可见，要编写复杂软件又不至于失败的唯一方法就是用定义良好的接口把若干简单模块组合起来。这样一来，多数问题只会出现在局部模块部分，只要对局部模块进行改造、优化甚至替换即可，而不至于牵动全局，这就是软件结构要进行模块化的意义。

可以看出，划分后的模块应该具有清晰的、有文档描述的接口或协议。因为不同的语言对于模块的实现不同，如 Smalltalk 没有模块的概念，所以类就成为划分的唯一物理单元。Java 有包的概念，也有类的概念，因此单独的类可以用来划分模块，包也可以用来划分模块。JavaScript 是基于对象的语言，它创建对象无须先声明一个类，因此对象是天然用来划分模块的。无论哪种语言，封装是写模块的首要特质，即模块不会暴露自身的实现细节，不会调用其他模块的实现码，不会共享全局变量，一切只靠接口进行通信。

模块独立性的概念是抽象、模块化、信息隐藏、局部化概念的直接结果。模块独立性是希望在所设计的软件结构中，每个模块都能完成一个相对独立的特定功能，并且和其他模块之间的接口相对简单。它是模块内部各部分及模块间的关系的一种衡量标准。模块独立性是一个好的软件设计的衡量标准之一，具有独立模块的软件容易开发，这是因为软件的功能可以分割，并且接口可以简化，可以由开发人员分工合作来完成。由于模块相互独立，在设计和修改各自的代码时，相互影响小、工作量小、错误的影响范围也小，比较容易测试和维护。

模块独立性由耦合（coupling）和内聚（cohesion）两种标准来度量。耦合是指模块之间相互独立性的度量，内聚是指模块内部各个组成元素之间彼此结合紧密程度的度量。好的软件设计结构要力争做到低耦合高内聚。下面来具体介绍两个标准的内容。

1. 耦合

软件结构内模块之间的相互联系程度由耦合来度量，耦合的强弱取决于模块相互之间接口的复杂程度，即进入或访问一个模块的点及通过接口的数据。在软件设计中应该力争追求松散耦合的系统，这样程序的测试、修改、维护都会很容易。

模块的耦合性有七种类型，按照耦合程度由低到高的顺序分为以下几种。耦合度越高的软件独立性越低，耦合度越低的软件独立性越高。

1）无直接耦合（no direct coupling）。如果两个模块之间不传递任何信息，没有直接的联系，彼此完全独立，耦合程度最低，则称为无直接耦合。但是，在一个软件系统中，所有的模块之间不可能没有任何联系。

2）数据耦合（data coupling），是指如果两个模块之间有调用关系，并且相互传递的信息以参数形式传输，每个信息都是基本的数据，并且只传递这些数据。例如，传递一个整数给计算平方根的函数。

3）标记耦合（stamp coupling），也称特征耦合，是指几个模块之间传递一个复杂的数据结构，其实传递的是这个数据结构的地址，并且被调用模块作为参数传递的是整个数据结构中的部分元素。

4）控制耦合（control coupling），是指一个模块调用另一个模块时，传递的是控制变量（如开关、标志等），被调用模块通过该控制变量的值有选择地执行模块内部的某个功能。

5）外部耦合（external coupling），是指一组模块共享一个外加的数据格式、通信协议或设备界面，这种耦合基本上与模块、外部工具及设备的通信有关。

6）公共耦合（common coupling），也称共享耦合（sharing coupling）、全局耦合（global coupling），是指那些通过一个公共数据环境相互作用的模块之间所发生的耦合。公共耦合的复杂程度随着耦合模块个数的增加而增加。

7）内容耦合（content coupling），是指一个模块可以直接使用或访问另一个模块的内部数据，或者通过非正常入口而转入另一个模块内部。它的耦合度最高，模块的独立性就最低。

2. 内聚

软件结构内，模块内部各组成元素彼此之间的关联程度由内聚来度量，它是信息隐藏和局部化的扩展及延伸。软件设计中理想化的内聚就是一个模块只完成一个单一的功能。

模块的内聚按照内聚程度由低到高的顺序分为偶然内聚、逻辑内聚、时间内聚、过程内聚、通信内聚、顺序内聚和功能内聚。内聚性越高的软件独立性越高，内聚性越低的软件独立性越低。内聚度与耦合度对软件独立性的影响正好相反。

1）偶然内聚（coincidental cohesion），是指一个模块内部的各组成部分之间毫无关系。也就是说，一个模块完成一组任务，然而这些任务之间关系松散，实际上没有联系。

2）逻辑内聚（logical cohesion），是指将几个逻辑上相关的功能部分放在同一模块中。例如，一个模块读取各种不同类型的外设输入。尽管逻辑内聚比偶然内聚合理，但逻辑内聚的模块各成分在功能上也无关系，这种情况下即使对局部功能进行修改有时也会影响全局，因此这类模块的修改比较困难。

3）时间内聚（temporal cohesion），是指一个模块所完成的各种功能必须在同一时间内执行（如系统初始化），但这些功能只是因为时间因素关联在一起。

4）过程内聚（procedural cohesion），是指模块完成多个需要按一定的步骤一次完成的功能。例如，在用程序流程图设计模块时，若将程序流程图中的一部分划出各自组成模块，便形成了过程内聚。

5）通信内聚（communicational cohesion），是指一个模块的所有成分都操作同一数据集或生成同一数据集。

6）顺序内聚（sequential cohesion），是指一个模块的各个成分和同一个功能密切相关，并且一个成分的输出作为另一个成分的输入。

7）功能内聚（functional cohesion），是指模块的所有成分对于完成单一的功能都是必需的。

实际上，在软件设计过程中没有必要精确地划分耦合、内聚的等级级别，重要的是能够区分出高耦合和低内聚的模块，通过修改设计结构来提升模块的内聚程度、降低模块之间的耦合程度，使软件模块独立性尽可能提高，从而获得高质量的软件设计产品。

3.3.4 设计模式

设计模式又称软件设计模式，是一套被反复使用、多数人知晓的、经过分类编目的、代码设计经验的总结。使用设计模式是为了可重用代码，让代码更容易被他人理解，保证代码的可靠性、程序的重用性。设计模式的概念最早起源于建筑设计大师亚历山大（Alexander）的《建筑的永恒方法》一书，尽管该著作是针对建筑领域的，但实际上适用于所有的工程设计领域，其中也包括软件设计领域。"设计模式"这个术语是在 1990 年由艾里克·伽玛（Erich Gamma）等从建筑设计领域引入计算机科学中的，目前其主要用于解决面向对象设计中反复出现的问题。设计模式描述了一组相互紧密作用的类与对象，提供了一种讨论软件设计的公共语言，使熟练设计者的设计经验可以被初学者和其他设计者掌握，同时设计模式还为软件重构提供了目标。

1. 设计模式的分类

软件设计模式奠基人艾里克·伽玛、理查德·海尔姆（Richard Helm）等四人合作出版了 *Design Patterns-Elements of Reusable Object-Oriented Software* 一书，该书共收录了 23 种设计模式。设计模式主要被分成以下三类。

1）创建型模式：创建对象时，不再直接实例化对象；而是根据特定场景，由程序来确定创建对象的方式，从而保证更大的性能、更好的架构优势。创建型模式主要有简单工厂模式（并不是 23 种设计模式之一）、工厂方法、抽象工厂模式、单例模式、生成器模式和原型模式。

2）结构型模式：用于帮助将多个对象组织成更大的结构。结构型模式主要有适配器模式、桥接模式、组合器模式、装饰器模式、门面模式、享元模式和代理模式。

3）行为型模式：用于帮助系统间各对象的通信，以及控制复杂系统中的流程。行为型模式主要有命令模式、解释器模式、迭代器模式、中介者模式、备忘录模式、观察者模式、状态模式、策略模式、模板模式和访问者模式。

2. 设计模式的六大原则

设计模式的总原则是开闭原则（open close principle）。开闭原则是指对扩展开放，对修改关闭。在程序需要进行扩展的时候，不能修改原有的代码，而是要扩展原有代码，实现一个热插拔的效果。用一句话概括就是为了使程序的扩展性好，易于维护和升级。

1）单一职责原则（single responsibility principle）。不要存在多于一个导致类变更的原因，也就是说每个类都应该实现单一的职责，否则就应该把类拆分。

2）里氏替换原则（liskov substitution principle）。里氏替换原则是面向对象设计的基本原则之一。里氏替换原则认为，任何基类可以出现的地方，子类也一定可以出现。里氏替换原则是继承复用的基石，只有当衍生类可以替换基类，软件单位的功能不受影响时，基类才能真正被复用，而衍生类也能够在基类的基础上增加新的行为。里氏替换原则是对开闭原则的补充。实现开闭原则的关键步骤就是抽象化。因为基类与子类的继承关系就是抽象化的具体实现，所以里氏替换原则是对实现抽象化的具体步骤的规范。

在里氏替换原则中，子类对父类的方法尽量不要重写和重载。因为父类代表定义好的结构，通过这个规范的接口与外界交互，子类不应该随便破坏它。

3）依赖倒转原则（dependence inversion principle）。这个原则是开闭原则的基础，具体内容：面向接口编程，依赖抽象而不依赖具体。写代码用到具体类时，不与具体类交互，而与具体类的上层接口交互。

4）接口隔离原则（interface segregation principle）。这个原则的意思是，每个接口中不存在子类用不到但必须实现的方法，如果出现了上述情况，就要拆分接口。使用多个隔离的接口，比使用单个接口（多个接口方法集合到一个的接口）要好。

5）迪米特原则（demeter principle），也称最少知道原则，是指一个类对自己依赖的类知道得越少越好，无论被依赖的类多么复杂，都应该将逻辑封装在方法的内部，通过public方法提供给外部。只有当被依赖的类变化时，才能最小影响该类。

迪米特原则的其他表述方式是只与直接的朋友通信。类之间只要有耦合关系，就称为朋友关系。耦合分为依赖、关联、聚合、组合等关系，通常称出现成员变量、方法参数、方法返回值中的类为直接朋友。局部变量、临时变量则不是直接的朋友。在进行程序设计时，要求陌生的类不要作为局部变量出现在类中。

6）合成复用原则（composite reuse principle）。该原则要求尽量首先使用组合、聚合的方式，而不是使用继承来设计程序。

3.3.5　软件设计规则

长期以来，人们在软件开发实践过程中积累了丰富的经验，本书整理和总结出以下七条软件设计的规则。

1. 降低模块之间的耦合性，提高模块的内聚性

设计出软件的初步结构之后，为了提高模块的内聚性，应该审查并分析软件结构，通过模块分解或合并，降低耦合、提高内聚。这涉及以下两个方面的内容。

1）模块功能完善化。一个完整的模块应该包含执行规定的功能的部分、出错处理的部分、返回一个"结束标志"。

2）消除重复功能，改善软件结构。

2. 模块的深度、宽度、扇出、扇入应适当

深度是指软件结构中模块控制的层数。深度反映了系统的大小规模和复杂程度，如果深度越大，则模块控制的层数越多，软件规模越大，复杂程度越高，应该考虑能否进行合并。

宽度是指同一层中模块的最大数量值。如果宽度越大，则软件结构越复杂。

扇出（fan-out）是一个模块直接控制或调用的模块数量。如果扇出太大，则模块太复杂，应该适当增加中间层来降低模块控制数量，减少扇出。经验表明，一个好的软件结构设计的扇出度数最大不应该超过9。

扇入（fan-in）是指一个模块被多少个上一级模块直接调用的数量。如果一个模块扇入越大，则共享模块的上级模块数量越多，这是好的设计，但不应该违背模块独立性原理。

经验表明，一个好的软件结构设计应该力争提高扇入、降低扇出，一般顶层扇出高，中间层扇出较少，底层扇入高。

3. 模块规模应该适中

模块接口过多是软件出错的主要原因之一。软件设计的模块数量应该大小适中，模块数量过少或模块分解的数量过多都不利于软件系统的实现。一般来说，分解后不应该降低模块的独立性。过小的模块开销大于有效操作，并且模块数目过多将使系统接口复杂。

4. 模块的作用域应该在控制域之内

模块的作用域是指受该模块内一个判断影响的所有模块的集合。模块的控制域是指模块本身及其所有直接或间接从属于它的模块集合。在一个很好的软件设计中，所有受判定影响的模块都应该从属于做出判定的那个模块，最好局限于做出判定的那个模块本身及它的直属下级模块。

5. 力争降低模块接口的复杂程度

模块接口复杂也是软件发生错误的主要原因之一。应该仔细设计模块接口，使信息传递简单并且和模块的功能一致。如果模块的接口复杂或不一致，则有可能产生高耦合、低内聚的软件结构，这就需要重新规划该模块的独立性。

6. 设计单入口单出口（the single entry & export only）的模块

软件设计工程师不要使软件模块之间出现内容耦合，当从顶部进入模块并且从底部退出来时，软件是比较容易理解的，因此也就比较容易维护。

7. 模块设计功能应该可以预测

设计的模块的功能应该能够预测，但也要防止模块功能过分局限。如果把一个模块当作一个密闭的、不透明的盒子，不管其内部如何处理细节，只要外部输入数据相同，就会产生同样的输出数据，则这个模块的功能就是可以预测的。

3.4 结构化设计工具与方法

3.4.1 软件结构图

20 世纪 70 年代，由爱德华·尤登（Edward Yourdon）等提出的结构图（structure chart，SC）是软件结构化设计的一个强有力工具，结构图的主要内容有以下三个。

1）模块。用一个方框代表一个模块，方框内注明模块的名字或主要功能。

2）模块的调用关系（call relation）。用方框之间的箭头（或直线）来表示。按照设计习惯总是由图中位于上方的方框代表的模块调用下方的模块，目前简化了设计，只需用直线而不是箭头来表示模块间的调用关系。在结构图中通常还使用带注释的箭头来表示在模块调用过程中相互传递的信息，代表信息的箭头方向表明了信息的传递方向，如图 3.2 所示。

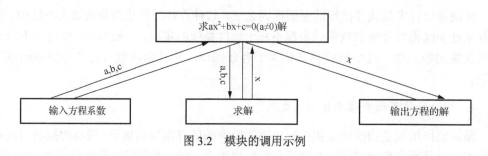

图 3.2   模块的调用示例

3）辅助符号。用来表示模块的循环调用和选择调用的关系，如图 3.3 和图 3.4 所示。

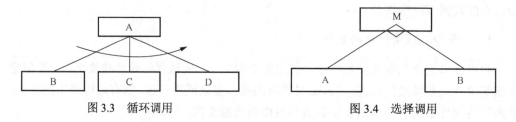

图 3.3   循环调用   图 3.4   选择调用

3.4.2   结构化设计方法

结构化设计方法（structured design method）是指把在需求分析阶段得到的数据流图映射成软件结构图的一种基于数据流的设计方法。结构化设计方法先把数据流图中描述的信息在系统中的加工和流动情况进行映射，再划分这些映射的类型，根据不同类型来确定数据流图转化成为软件结构图的不同形式。

经过对数据流图中的数据流进行分析，按照数据流图的性质，数据流图分为两种基本的类型，即变换型（transformation model）数据流图和事务型（transaction model）数据流图，一般系统设计的数据流图是两种类型的混合，即一个系统可以既含有变换型数据流图，又含有事务型数据流图。

1. 变换型数据流图

变换型数据流图是基本呈线性形状的结构，信息通常以信息流的形式输入软件系统，经处理转变后再以信息流的形式输出系统，即形成输入流、变换流、输出流三个部分。变换流是系统的变换中心；输入流为系统输入端的数据流，是物理输入；输出流为系统输出端，是物理输出，如图 3.5 所示。

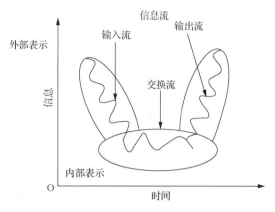

图 3.5　变换型数据流图

2. 事务型数据流图

当一个信息流进入某个处理模块时，通过某个加工处理后，将有多个动作产生，这种类型的数据流就是事务型数据流，这个加工就是事务中心。事务型数据流图"以事务处理中心"为核心，呈辐射状，即数据沿着输入通路到达下一个处理，这个处理根据输入数据的类型，选择执行若干个动作序列中的某个动作，如图 3.6 所示。

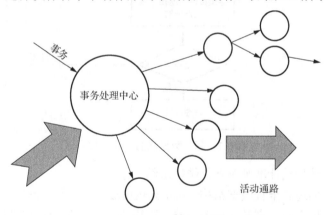

图 3.6　事务型数据流图

3.4.3　软件结构图的设计过程

基于数据流的设计方法可以很方便地将数据流图中表示的数据流映射成为软件结构，其设计步骤如图 3.7 所示。软件结构图主要的设计步骤如下。

1）复审数据流图，必要时可进行修改或精化。

2）确定数据流图中数据流的类型。如果是变换型，则确定逻辑输入和逻辑输出的边界，找出变换中心，映射为变换结构的顶层和第一层；如果是事务型，则确定事务中心和活动路径，映射为事务结构的顶层和第一层，建立软件结构的基本框架。

3）分解上层模块，设计中下层模块结构。

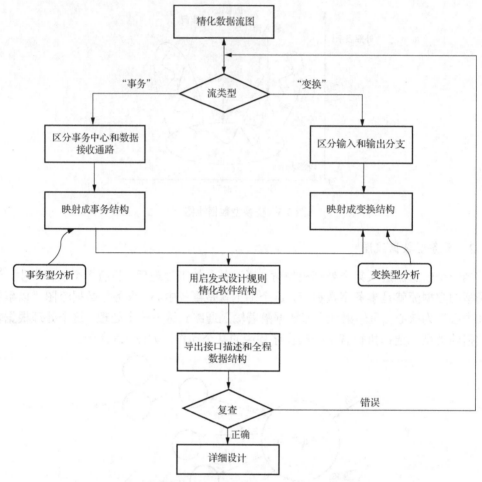

图 3.7　基于数据流的设计步骤

4）根据软件结构设计准则对软件结构求精并改进。

5）导出接口描述和全程数据结构（data structure）。

6）复审。如果有错，则转入修改完善，否则进入下一阶段详细设计。

3.4.4　设计优化

软件设计优化（software design optimization）是指软件设计人员在设计出满足软件所有功能需求和性能需求的前提条件下，按照设计原理和软件设计规则来进一步优化软件设计，使得软件产品的功能和性能得到进一步的完善和提升。

应该在设计的早期阶段尽可能地对软件设计的结构进行优化，导出不同的软件结构，然后对它们进行评价和比较，争取到最好的结果。结构简单通常既表示设计风格优雅，又表示效率高。设计优化应该力争做到在有效的模块化的前提下使用最少的模块，以及在能够满足信息要求的前提下使用最简单的数据结构。

对于时间是决定性因素的软件，优化可能在详细设计阶段或编程阶段。在对时间起决定性作用的软件进行优化时，应该始终把握一个准则：先使软件能够正常工作，然后想办法优化软件，提升其性能和效率。具体步骤如下。

1）在不考虑时间因素的前提下开发并优化软件结构。

2）在详细设计阶段选出最耗费时间的模块，仔细地设计它们的处理过程，以求提高效率。

3）使用现代的高级程序设计语言（advanced programming language）编写程序。

4）在软件中孤立出大量占用处理器资源的模块。

5）必要时重新设计或用依赖机器的语言重写大量占用资源的模块的代码，以求提高效率。

3.5　软件详细设计及实现

详细设计阶段的根本目标就是确定应该怎样具体实现所要求的系统，即经过这个阶段的设计工作后，应该得出对目标系统的精确描述，具体就是为总体设计阶段的每个模块确定所要实现的具体算法和数据结构，从而在编码实现阶段可以把这个描述直接翻译成某种程序设计语言书写的源代码。

3.5.1　结构化程序设计

结构化程序设计（structured programming）是进行以模块功能和处理过程设计为主的详细设计的基本原则。结构化程序设计是过程式程序设计的一个子集，它对写入的程序使用逻辑结构，使理解和修改更有效、更容易。结构化程序设计的概念最早由艾兹格·迪科斯彻（Edsger Dijkstra）在 1965 年召开的国际信息处理联合会上提出，是软件发展的一个重要的里程碑。它的主要观点是采用自顶向下、逐步求精及模块化的程序设计方法；使用三种基本控制结构构造程序，如图 3.8～图 3.10 所示。任何程序都可由顺序、选择、循环三种基本控制结构构造，结构化程序设计主要强调的是程序的易读性。

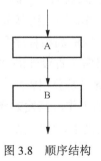

图 3.8　顺序结构

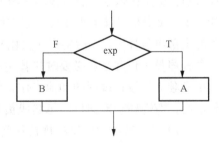

图 3.9　If-Then-Else 选择结构

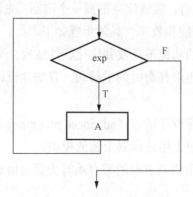

图 3.10 Do-While 循环结构

结构化程序设计方法的要点主要如下。

1）自顶而下、逐步求精的设计思想，其出发点是从问题的总体目标开始，抽象低层的细节，先专心构造高层的结构，然后一层一层地分解和细化。这让设计者能把握主题，避免一开始就陷入复杂的细节中，使复杂的设计过程变得简单明了，过程的结果也容易做到正确、可靠。

2）主张使用顺序、选择、循环三种基本结构来嵌套连接成具有复杂层次的结构化程序，严格控制 GOTO 语句的使用。使用这种方法编写的程序在结构上具有以下特点。

① 以控制结构为单位，只有一个入口、一个出口，能独立地理解这一部分。

② 能够以控制结构为单位，从上到下顺序地阅读程序文本。

③ 由于程序的静态描述与执行时的控制流程容易对应，因此能够方便、正确地理解程序的动作。

3）"独立功能，单出、入口"的模块结构，减少了模块之间的相互联系，使模块可作为插件或积木使用，降低了程序的复杂性，提高了可靠性。编写程序时，所有模块的功能通过相应的子程序（函数或过程）的代码来实现。程序的主体是子程序层次库，它与功能模块的抽象层次相对应，编码原则使程序流程简洁、清晰，增强了可读性。

4）主程序员组。这是软件项目组人员组织的一种方式，该组织方式由 1 名主程序员、多名程序员、1 名编程秘书、1 名后备程序员组成。其中，主程序员既是经验丰富的管理人员，也是技术好、能力强的高级程序员，他负责体系结构设计和关键部分的详细设计，并且负责指导其他程序员完成详细设计和编码等工作。编程秘书负责完成与项目有关的全部事务性工作。后备程序员由技术熟练且经验丰富的高级程序员担任，他负责协助主程序员工作并且在必要时接替主程序员的工作，日常负责设计测试方案、分析测试结果及独立于设计过程的其他工作。这种组织方式的优点是分层管理、分工明确，有领导核心，有专职管理岗位，每名成员仅完成自己擅长的工作，开发效率高。

其中，1）、2）解决程序结构规范化问题；3）解决将大划小、将难化简的求解方法问题；4）解决软件开发的人员组织结构问题。

3.5.2　过程设计的工具

描述程序处理过程的工具称为过程设计的工具，可以分为图形、表格和语言三类。不论是哪类工具，对它们的基本要求都是能提供对设计准确、无歧义的描述，也就是应该能指明控制流程、处理功能、数据组织及其他方面的实现细节，从而方便在软件编程阶段更好地编写出软件代码，保证软件的质量。目前用于详细设计阶段的工具有很多，本节主要介绍以下五种类型的工具。

1. 过程设计语言

过程设计语言（process design language，PDL）也称程序描述语言或伪码，它是一种用于描述模块算法设计和处理细节的语言。一方面，过程设计语言具有严格的关键字外部语法，用于定义控制结构和数据结构；另一方面，过程设计语言表示实际操作和条件的内层语法，灵活、自由，可以满足各种软件工程项目的需求。因为过程设计语言的语句中含有自然语言的叙述，所以过程设计语言是不能被编译执行的。过程设计语言的具体实例如下。

```
Y
While P
{
    S=A+B;
    If S Then
    {
        If X Then
        {
            S=S×Y;
        Else Until H
        {
            H=S+A;
        }
        }
    Else
        A=A+B;
    }
}
```

过程设计语言的主要优点如下。

1）可以作为注释直接插在源程序中间。这样做能促使维护人员在修改程序代码的同时也相应地修改过程设计语言注释，因此有助于保持文档和程序的一致性，提高文档的质量。

2）关键字的语法固定。为了使结构清晰和可读性好，通常在所有可能嵌套使用的控制结构的头和尾都有关键字。

3）可以使用普通的正文编辑程序或文字处理系统，很方便地完成 PDL 的书写和编辑工作。

4）已经有自动处理程序存在，并且可以自动由过程设计语言生成程序代码。

2. 盒图

为了克服流程图在描述程序逻辑时的随意性等缺点，1973 年，美国学者艾萨克·纳西（Isaac Nassi）和本·施奈德曼（Ben Shneiderman）在发表的文章中提出了采用盒图（Nassi-Shneiderman 图，N-S 图）来替代传统流程图。它的主要特点是只能描述结构化程序所允许的标准结构。N-S 图包括顺序、选择和循环三种基本结构，如图 3.11～图 3.15 所示。

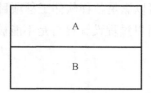

图 3.11　顺序结构

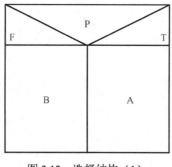

图 3.12　选择结构（1）

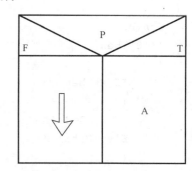

图 3.13　选择结构（2）

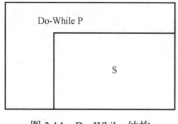

图 3.14　Do-While 结构

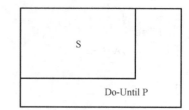

图 3.15　Do-Until 结构

根据过程设计语言的实例，具体分析过程设计语言的算法和设计的结构，可以画出对应的 N-S 图，图 3.16 为设计的实例图。

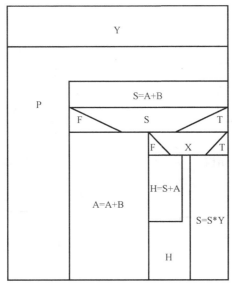

图 3.16 N-S 图实例

N-S 图的优点如下。

1）功能域（即某一个特定控制结构的作用域）有明确的规定，并且可以很直观地从 N-S 图上看出来。

2）很容易确定局部数据和全局数据的作用域。

3）N-S 图简单、易学易用，可用于软件教育和其他方面。

4）N-S 图必须遵守结构化程序设计的要求，它的控制不能任意转移。

5）N-S 图形象、直观，具有良好的可见度，很容易表现循环嵌套关系，也可以表示模块的层次结构，容易使人们理解设计意图，便于做好编程、复查、选择测试用例和维护等工作。

6）N-S 图强制设计人员按照结构化编程方法进行思考并描述其设计方案，因为除了表示几种标准结构的符号，N-S 图不再提供其他描述手段，这就有效地保证了设计的质量，从而也保证了程序的质量。

3. 问题分析图

问题分析图（problem analysis diagram，PAD 图）是日本日立公司于 1973 年提出的一种算法描述工具，已经得到了一定程度的推广。它采用一种由左向右展开的二维树形结构的图来表示程序的控制流。与方框图一样，PAD 图也只能描述结构化程序允许使用的几种基本结构，如图 3.17～图 3.20 所示。用 PAD 图描述程序的流程能使程序一目了然，转化成程序代码也比较容易。

根据过程设计语言的实例，具体分析过程设计语言的算法和设计的结构，可以画出对应的 PAD 图，图 3.21 为设计的实例图。

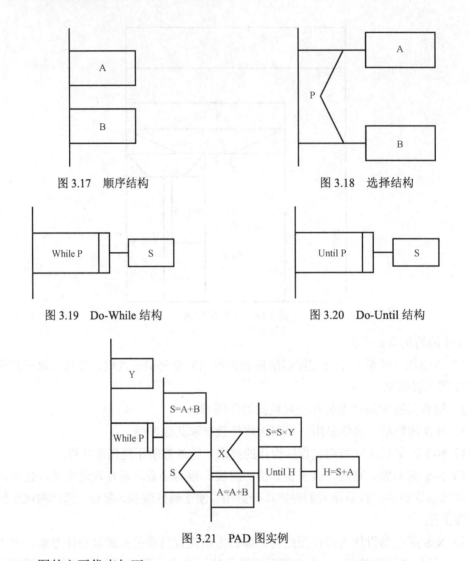

图 3.17　顺序结构　　　　　　　　　　　图 3.18　选择结构

图 3.19　Do-While 结构　　　　　　　　图 3.20　Do-Until 结构

图 3.21　PAD 图实例

PAD 图的主要优点如下。

1）使用表示结构优化控制结构的 PAD 符号所设计出来的程序必然是程序化程序。

2）PAD 图所描述的程序结构十分清晰。图中最左边的竖线是程序的主线，即第一层控制结构。随着程序层次的增加，PAD 图逐渐向右延伸，每增加一个层次，图形向右扩展一条竖线，PAD 图中竖线的总条数就是程序的层次数。

3）PAD 图的符号支持自顶向下、逐步求精方法的使用。开始时设计人员可以定义一个抽象程序，随着设计工作的深入逐步增加细节，直至完成详细设计。

4）用 PAD 图表现程序逻辑，易读、易懂、易记。PAD 图是二维的树形结构，程序从图中最左边上端的节点开始，自上而下、从左到右顺序执行，遍历所有的节点。

5）既可用于表示程序逻辑，又可用于描述数据结构。

6）很容易将 PAD 图转换成高级程序语言源程序，这种转换可以利用软件工具自动完成，从而可省去人工编码的工作，有利于提高软件可靠性和软件生产率。

4. 判定表

判定表（decision table）是一种二维表格，它是表达逻辑判断的工具。判定表能把所有条件组合充分地表达出来，在知识表达中，可以起到其他许多表达方式所达不到的作用。判定表通常由四个部分组成，如表 3.1 所示。

表 3.1　判定表结构

基本判定条件	判定条件组合
基本动作	执行动作

1）基本判定条件：在左上部，列出问题的所有条件项，这些列出的条件项与次序无关。

2）基本动作：在左下部，列出问题规定可能采取的所有动作，这些动作项通常也与排列的顺序无关。

3）判定条件组合：在右上部，列出针对其左列条件项的取值和组合。

4）执行动作：在右下部，列出在条件项的各种取值情况下应该采取的动作。

在实际使用判定表时，如果表中有两条及以上的规则具有相同的动作，并且其条件项之间存在着某种关系，就可以把它们进行合并处理。

判定表的建立步骤如下。

1）确定条件规则的数量。假如有 n 个条件，那么每个条件有两种取值可能，故有 2 的 n 次方种条件组合的可能。

2）列出所有的基本判定条件和基本动作。

3）填入判定条件组合项。

4）根据条件组合情况，填写对应的执行动作项，得到初始判定表。

5）简化、合并相似规则或相同动作，得到最终形成的判定表。

【例 3-1】在学生会竞选系统中，假如学生会进行部长选举，通过部长"录取处理"的处理条件为：成绩优秀且面试表现良好的或成绩、面试表现一般但工作能力突出的。请用判定表来描述"录取处理"这一加工逻辑。

分析："录取处理"有成绩优秀、工作能力突出、面试表现良好三个条件，共有 8 种组合情况，其判定表如表 3.2 和表 3.3 所示，其中，T 表示满足条件，F 表示不满足条件，√ 表示选中判定的结论。

表 3.2　判定表实例

判定	判定项	1	2	3	4	5	6	7	8
条件	成绩优秀	T	T	T	T	F	F	F	F
	工作能力突出	T	F	T	F	T	T	F	F
	面试表现良好	T	F	F	T	T	F	F	T
动作	录取处理	√		√	√		√		
	待定处理		√					√	√

表 3.3　简化后的判定表

判定	判定项	1	2	3	4	5
条件	成绩优秀	T	T	F	F	—
	工作能力突出	F	F	F	F	T
	面试表现良好	F	T	F	T	—
动作	录取处理		√			√
	待定处理	√		√	√	

5. 判定树

判定树又称决策树（decision tree），用一种树状形式来表示多个条件、多个取值所应采取的动作，适合描述问题处理中具有多个判断，并且每个决策与若干条件有关的情形。使用判定树进行描述时，判定树的分支表示各种判定的条件，判定树的叶子节点给出应完成的对应动作。判定树是判定表的变种，二者本质上是完全一样的，所有能够用判定表描述的问题都可以用判定树来描述，反之也是如此。图 3.22 是根据判定表的实例转换成的判定树实例。

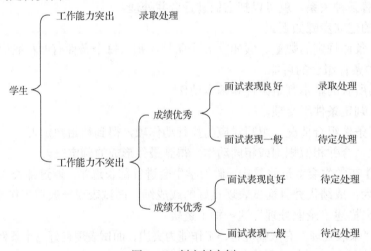

图 3.22　判定树实例

在实际的项目开发应用过程中，对于存在顺序、选择、循环执行的动作，使用 N-S 图、PAD 图与过程设计语言来描述比较好；对于不太复杂的判定条件或使用判定表有困难时，使用判定树较好；对于存在多个条件复杂组合的判定问题，则使用判定树较好。一般来说，N-S 图、PAD 图与过程设计语言通常交叉使用，判定表与判定树通常交叉使用，它们互相补充，这样更容易被用户理解。

3.5.3　程序复杂程度的 McCabe 方法

经过软件设计，每个模块的内容都非常具体了，可以根据一些原理定性地来度量软件的开发质量。除了定性的度量，还可以采用一些定量度量的方法来对设计的软件进行度量。定量度量程序复杂程度（quantitative measurement of program complexity）的方法很有意义：可以直接估算出软件程序开发所需要的工作量，可以用来对比两个不同设计或算法的优劣，可以估算程序中存在错误的数量，等等。下面着重介绍一种应用广泛的定量度量程序复杂程度的方法——McCabe 方法。

McCabe 方法是根据程序控制流的复杂程度来定量度量程序复杂程度的，也称为程序的环形复杂度（ring complexity）。

McCabe 方法的计算度量步骤如下。

1）根据程序流程图或程序代码画出流图，如图 3.23 和图 3.24 所示。流图也称节点图（node graph），它是抽象的程序流程图，仅仅描述程序的控制流程，不体现对数据的具体操作或具体的条件。在流图中用圆圈表示节点，一个圆圈代表一条或多条语句。节点之间带箭头的连线称为边，它代表了程序的控制流。将给出的程序流程图或程序代码对应映射成流图，多个顺序执行的语句可以直接映射为一个节点，根据流程图的走向用带箭头的边来进行连接。

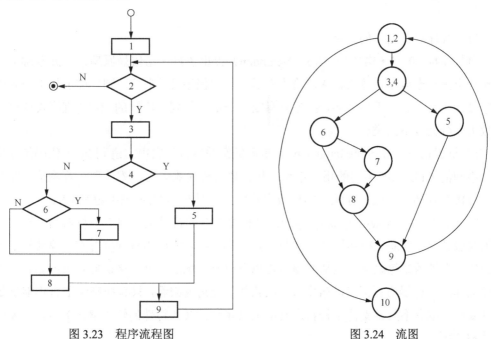

图 3.23　程序流程图　　　　　　　　　图 3.24　流图

2）通过分析流图，确定区域数、判定节点数、边数等信息。流图中的区域数是指由流图中的节点和边所分隔而成的封闭的和未被封闭的空间数量之和。流图中包含条件的节点就是判定节点，每个判定节点都会引出两条或多条边。

3）通过环形复杂度度量公式计算出程序的环形复杂度。

环形复杂度度量公式有以下三种。

1）流图中的区域数量等于环形复杂度。

2）流图的环形复杂度用符号 V（G）来表示，则 V（G）=边数-节点数+2。

3）流图的环形复杂度用符号 V（G）来表示，则 V（G）=判定节点数+1。

根据度量步骤，计算图 3.24 的环形复杂度为 4。

程序的环形复杂度取决于程序结构的复杂程度，环形复杂度越大，对软件生命周期后续阶段的工作任务带来的影响越大（如对测试阶段的工作的影响），软件编写就越困难，软件就越容易出现问题。实践表明，软件模块的规模以 V（G）≤10 为比较科学、合理的数值。

3.5.4　程序设计语言及风格

程序设计语言是人们利用计算机展现自身设想和对计算机进行管理的桥梁及媒介，不同的程序设计语言具有不同的特性和自身的适用领域。因为设计语言的选取对程序员的设计、思维、方法及软件的质量、效率等都会产生很大的影响，所以实现阶段（即编码阶段）的首要任务就是对程序设计语言的选择。

1. 程序设计语言

（1）程序设计语言的分类

自从 1946 年冯·诺依曼（Von Neumann）提出了冯·诺依曼原理，在此基础上人类设计出第一台电子计算机，就开始了机器语言的程序设计研究，到目前世界上公布的程序设计语言已有上千种之多，但是只有很小一部分得到了广泛的应用。程序设计语言大致可以分为以下三类。

1）机器语言（machine language）：是最低级的语言，它由二进制 0、1 代码指令构成，不同的 CPU 具有不同的指令系统。机器语言程序难编写、难修改、难维护，需要用户直接对存储空间进行分配，编程效率极低，它是最早期的一种程序语言。

2）汇编语言（assembly language）：是机器指令的符号化，因为与机器指令存在直接的对应关系，借助记符和地址符代替二进制码，所以汇编语言同样存在难学难用、容易出错、维护困难等缺点。但是汇编语言也有自己的优点：可直接访问系统接口，汇编程序翻译成的机器语言程序的效率高。从软件工程角度来看，只有在高级语言不能满足设计要求，或者不具备支持某种特定功能的技术性能（如特殊的输入输出）时，汇编语言才被使用。

3）高级语言（high-level language）：是面向用户的、基本上独立于计算机种类和结构的语言。高级语言最大的优点是形式上接近算术语言和自然语言，概念上接近人们通常使用的概念。高级语言的一个命令可以代替几条、几十条甚至几百条汇编语言的指令。因此，高级语言易学易用、通用性强、应用广泛。高级语言种类繁多，按应用特点可以划分为基础语言、结构化语言和专用语言；按客观系统的描述可以划分为面向过程语言（procedure-oriented language）、面向对象语言（object-oriented language）等。

（2）程序设计语言的选取

程序设计语言的特点不同，适用领域也不同，为某个特定开发项目选择程序设计语言时，既要从技术角度、经济角度、适应性角度出发选择和比较各种程序语言，又要考虑到程序现实可能性，有时还需要与用户进行沟通，做出某种合理的折中选择。在程序设计语言的选取上，主要考虑以下几个方面的内容。

1）软件用户的需求。使用软件系统的用户往往会要求程序开发者使用用户熟悉的程序语言，或者维护性强、可移植性好、可靠性高的程序语言来编写程序。

2）软件系统的应用领域（application area）。通常而言，通用程序设计语言并不适用于所有的应用领域，因此，在选择设计语言时要根据应用领域来选择各自适应的语言，发挥其领域专长。例如，C 语言适合系统软件开发，Fortran 语言适用于科学和工程计算领域，Cobol 语言适用于商务领域，Ada 语言适用于实时应用领域，SQL 语言在数据库操作方面有巨大的优势，Lisp 语言适合人工智能应用领域等。

3）编码及维护的工作量与成本。一般在进行程序设计时，选用一种适当的编程语言可能降低编码的工作量，但程序源代码数量降低往往会导致程序可读性下降，这就造成程序维护困难。因此，选择编程语言时要充分考虑到编码和维护之间的成本与工作量的平衡问题，综合考虑后做出正确的选择。

4）软件兼容性的考虑和要求。通常情况下，用户可能在不同机器和不同系统之间应用及运行软件系统，这样就产生了系统之间的兼容性问题。因此，一定要尽可能地选择兼容性好的编程语言来开发软件系统。

5）开发人员自身的知识水平和编程能力。在软件系统开发过程中，要充分考虑到程序员对选取的编程语言的熟悉程度、编程能力及实践经验，在不违背用户要求的前提下，在与其他重要衡量标准不矛盾的情况下，应尽量选择一种程序员熟悉的编程语言。

6）软件系统的规模限制。有些程序设计语言（如 BASIC）虽然使用方便，但是不适合开发大规模的系统。

7）软件系统的执行效率。高级语言易学易用、编码速度快，并且易于维护，但这种软件编码的运行效率低，即运行时间长、占用存储空间大。如果系统在运行效率上有某种特殊要求，如实时系统等，则必须考虑高级语言与高效率之间的平衡性问题。

8）算法与过程的复杂程度。有些语言如 Cobol、SQL 数据库等，只能支持简单的数值运算，而 BASIC、Fortran 等语言则在算法上有着明显的优势，因此，在编程语言选择上，要充分考虑到程序设计的复杂度问题。

实际上，在程序设计语言的选择问题上不是绝对的、孤立的，编程语言没有明显的好坏之别，每种语言都有自己的特点和适用范围，应根据软件开发项目的特点和实际需求选择合适的语言，以编写出符合需要的高质量软件产品。

2. 程序设计风格

程序设计风格（programming style）是指一名程序员在长期编写程序中所表现出来的编程特点，以及养成的编程习惯和逻辑思路等。在程序设计中要使程序结构合理、清晰，形成良好的编程习惯，对程序的要求不仅是可以在机器上运行，给出正确的执行结果，还要便于程序的调试和维护，这就要求编写的程序不仅要让自己看得懂，还要让别人能看懂。

程序除了供计算机执行，主要的作用就是供人们阅读和学习，特别是在软件测试阶段和维护阶段，编写程序的人和参与测试、维护的人都要阅读程序。随着计算机技术的发展，软件的规模增大了，软件的复杂性也增强了，人们意识到阅读程序的时间往往比编写程序的时间还要多。为了提高程序的可阅读性，就要建立一个良好的编程风格，使更多的人可以沿着程序员的思路理解程序的功能。因此，在编写程序时要讲求程序的编写风格，并在此上多下一些功夫，使人们可以节省阅读和学习程序的时间。

程序设计风格就是一种好的程序设计规范，包括良好的代码设计、函数模块（function module）、接口功能及可扩展性等，更重要的是程序设计过程中代码的风格，包括缩进、注释、变量及函数的命名和可理解性。

程序设计风格主要考虑四个方面的内容，即数据说明标准化（standardization of data description）、语句构造（statement construction）、输入/输出规范化（input/output normalization）、源程序文档化（source documentation）。下面主要从编码原则的角度探讨提高程序的可读性、改善程序质量的方法和途径。

（1）数据说明标准化

为了使程序中的数据说明更易于理解和维护，在编写程序时，需要注意数据说明的风格。以下列举具体需要注意的几点。

1）数据说明的次序应当规范化，使数据属性容易查找，也有利于测试、查错和维护。在程序定义数据说明时，出于阅读理解和维护的考虑，应该使其规范化，使数据定义说明的先后次序固定。例如，可以按照以下次序对变量进行说明：常量说明、简单变量类型说明、数组说明、公用数据块说明、所有的文件说明等。

2）当多个变量名用一个语句说明时，应当对这些变量按字母顺序排列。例如，将 int height、size、length、width、speed、volume 写成 int height、length、size、speed、volume、width。

3）对于程序中复杂的数据结构，应当使用注释对其进行详细的解释说明，以方便他人阅读和理解。

（2）语句构造

程序实现阶段的任务就是根据软件生命周期前期阶段的设计框架和结果，通过程序语言来编码实现程序的功能，而程序的功能是由若干条语句构造完成的，每条语句都应该简单明了，不能为了提高效率而使编程语句变得复杂。语句构造应该遵循的几个基本的原则如下。

1）使用规范的编程语言、标准的控制结构，在书写上要明确含义、简单明了。

2）不同层次的语句采用缩进格式，使程序的逻辑结构和功能特征更加简洁、清晰。

3）不要单纯为了编程效率，一行书写多条语句，造成阅读理解的难度加大。

4）要尽量避免构造复杂的、嵌套的判定条件，尽量避免构造多重循环嵌套。

5）确保所有变量在使用前都进行了定义和初始化，遵循统一的命名规范。

6）尽可能使用编程语言所自有的库函数。

7）尽可能避免或不使用 GOTO 语句。

8）对于复杂的、大的程序要分块编写、测试，最后集成在一起。

（3）输入/输出规范化

程序软件的输入/输出信息直接与用户的使用密切相关，输入/输出的格式应当尽可能方便用户使用，避免因设计不当给用户造成麻烦。在软件的需求分析和设计阶段，就应基本确定程序输入/输出信息的风格，有时它甚至影响和决定开发的软件程序能否被用户接受和使用。

在设计与编写输入/输出信息方式时，应充分考虑诸多因素，如用户的熟练程度、输入/输出设备及通信环境等对输入/输出的影响。此外，还要牢记和遵守以下基本原则。

1）对所有的输入数据都要进行有效性、合理性检验，确保输入的各项数据正确、合理，必要时可以设计线上输入状态信息，从而保证程序执行的准确。

2）输入数据时，应尽可能简化和减少用户输入数据的步骤及操作，应允许用户采用自由格式输入，并且设置默认输入值。

3）在以交互式输入/输出方式进行输入时，要在屏幕上设计明确的提示信息，明确指导用户输入数据的选项和取值范围，在用户数据输入的过程中和输入结束时，也应尽可能设计提示信息，表明当前的活动状态。

4）当输入一组数据时，要明确提示用户输入结束状态的标志信息。

5）当程序设计语言对输入/输出格式有严格要求时，应保持输入格式与输入语句的要求一致。

6）对所有的程序输出信息要加上提示标志，确保程序输出规范、准确、合理。

（4）源程序文档化

一个源程序如果不讲究格式，只为了编程而编程，写得密密麻麻，那么别人是很难看得懂、很难理解的。因此，应该使用统一的标准格式来书写源程序，包括采用标准的标识符（identifier）、适当的注解和规范的程序书写格式等，这样的设计有助于提升软件程序的可读性和可理解性。

标识符的命名应尽量采用标准的格式，尽可能具有实际意义。选取能正确地提示程序对象所代表的实际含义的名字来命名，这样有助于阅读者更好地理解程序。

程序源代码（program source code）应当添加适当的注释。对于注释的书写要求是，尽量针对一段程序添加一个注释，不要一条语句一个注释；合理使用缩进和空行，使程序与注释容易区分；采用合适的、有助于理解和记忆的注释；注释内容必须正确反映源程序的内容；程序的设计说明可以作为注释内容。

程序的源代码书写要规范、合理,方便用户阅读和理解。例如,采用分层缩进的形式显示程序层次结构;每行只写一条语句;语句书写适当使用空格或圆括号做隔离符;注释段与程序段之间、不同程序段之间适当插入空行分隔;等等。

3.6 用户界面设计

用户界面(user interface,UI)也称人机交互界面,它能在人和计算机之间创建一个有效的通信媒介,是控制计算机或进行用户和计算机之间的数据传送的系统部件,实现计算机内部信息形式与人类可以接受形式之间的相互转换。用户界面的目的是使用户能够方便、有效率地操作硬件以达成双向交互,来完成用户借助硬件要实现的工作任务。用户界面定义广泛,包括人机交互(human-computer interaction)、图形用户接口(graphical user interface)等。凡是人类与电子设备的信息交流领域都存在用户界面,它的质量直接影响用户对软件的使用以及用户对软件产品的评价,从而影响软件产品的竞争力和使用寿命,因此用户界面非常重要。

用户界面最终是给用户使用的,因此在用户界面设计时要充分考虑用户的需求,要认真研究未来使用该界面的用户类型,只有结合用户界面具有的特性等元素,综合衡量、求同存异,才能设计出各方面都能够得到认可的、合理的、行之有效的用户界面。下面具体介绍用户界面设计应该考虑和注意的内容。

3.6.1 用户类型分析

1)外行型:从来未使用过计算机系统或第一次使用计算机系统的用户。这类用户在软件交付使用后的维护过程中,需要大量的培训和支持帮助,大大增加了软件的运营成本和维护成本,在估算软件项目成本时要充分考虑。

2)初学型:对计算机系统不是很熟悉,但是具有一些使用经验的用户。这类用户在软件维护过程中需要得到相当多的支持和帮助。

3)熟练型:能够熟练操作计算机,具有一定的专业技术知识,对开发系统有相当多实践操作经验的用户。这类用户不了解软件的内部结构,不能纠正软件运行中出现的意外错误,不能扩展软件能力,在软件维护过程中需要得到一定的支持。

4)专家型:专业知识丰富,对软件系统的内部构造相当了解,具有维护和修改基本软件系统的能力。这类用户在后期维护时基本不需要提供帮助,但是要为这类用户提供或设置系统权限、源代码、界面等信息资源。

3.6.2 用户界面设计的基本原则

一般来说,用户界面的总体设计思想是:以用户需求为中心,使界面设计美观、操作简单、符合用户操作习惯、响应快速、用语通俗易懂等。用户界面设计的基本原则在这一思想的指导下展开。本书将众多界面设计者的成功经验加以整理，总结出用户界面设计几个方面的基本原则。

1. 友好设计原则

用户界面设计要始终以用户需求为中心，坚持符合用户的使用习惯、减少用户操作、增加操作提示、有出错响应和反馈机制的友好设计原则。

1）界面设计要根据用户类型抓住用户需求，充分考虑用户的操作习惯和工作环境。

2）界面设计要尽量减少用户的操作。

3）用户界面设计要保持设计风格、数据输入、显示方式等的一致性。

4）用户界面设计要对用户操作快速响应，增加提示操作信息，让用户及时获得帮助，避免使用专业术语，语言应通俗易懂。

5）坚持用户确认，在用户操作出错时有及时的出错响应（error response）和反馈机制（feedback mechanism）。

6）合理规划和使用显示屏幕。

7）用户界面设计要坚持界面直观、对用户透明，即在用户接触软件界面后，软件对应的功能一目了然。

2. 一般交互原则

1）保持一致性。设计的人机界面中的菜单选择、命令输入、数据显示等应使用一致的设计格式。

2）提供有意义的反馈。应向用户提供视觉和听觉方面有意义的反馈，以保证用户和系统之间建立双向通信。

3）用户界面设计应允许用户取消绝大多数操作。

4）增加提示信息，设置默认选项，尽量减少用户操作。

5）系统应该保护自己不受到严重错误的破坏。

6）按系统功能对动作分类和设计屏幕显示布局。

7）提供对用户工作有帮助的信息。

3. 信息显示原则

1）系统只显示与当前工作有关的内容。

2）应该尽量采用图形或图表显示用户需要的数据信息。

3）显示界面应该采用通用的标记、标准的缩写和可预知的颜色。

4）显示有意义的出错提示信息。

5）显示文字信息等，应采用格式缩进、层次分明的设计布局以帮助用户查阅。

6）采用窗口分隔控件或技术分开显示不同类型的信息。

7）可以采用虚拟现实技术（virtual reality technology）等方式辅助显示要表示的信息，方便用户理解或提醒用户注意。

4. 数据输入/输出原则

1）一般采用选择控件、滑动控件等数值输入控件，通过设置默认值或预设定数值等方式，尽量减少用户输入工作。

2）输入/输出数据要与用户要求一致，尽量保持输入数据与显示信息之间的一致性。

3）人机交互输入时，详细地提示说明可用的选择范围或边界数值。

4）使在当前动作语境中不适用的命令不起作用，这可避免由误操作导致系统出错。

5）对所有的输入操作提供必要的提示帮助信息。

6）输出报表时要符合用户的要求，输出数据尽量表格化、图形化。

习　题

1. 衡量模块独立性的耦合性有几种？各有什么含义？
2. 衡量模块独立性的内聚性有几种？各有什么含义？
3. 什么是软件总体设计？总体设计的过程是什么？
4. 什么是软件设计模式？设计模式的分类是什么？
5. 设计模式的六大原则是什么？
6. 请按照下面的过程设计语言画出 N-S 图和 PAD 图。

```
    A
    If S>10 Then
            {
While X
{
S=A+B;
            }
        }
        Else
        {
          S=B×5;
          Y=A+S;
        }
    Y
```

7．将图 3.25 转换为节点图，计算出节点图的环路复杂度。

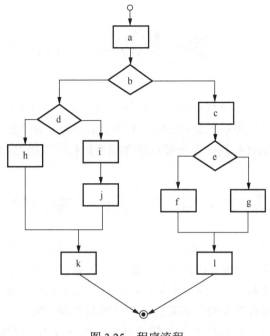

图 3.25　程序流程

第4章 软件规模和工作量度量

工作量的度量是软件项目规划的重要衡量指标，也是软件项目能否顺利实施、按照预期的进度进行的关键性影响因素。然而，工作量的估算一直是软件项目管理的一大难题，人们一直在设法采取有效的方法来对软件项目进行比较精准的工作量估算。

4.1 软件规模和工作量度量简介

软件开发的工作量（effort）和成本（cost）的估算受到诸多因素，如技术、人员、环境、决策、风险、组织管理等的影响，任意一种因素发生变化，都会影响软件的最终成本及开发所需的工作量，如图4.1所示。我们无论何时进行估算工作，都是对未来发生事务的预测，都会带有很大的不确定性。在开始软件项目时，未来项目开发工作更是有某种程度的模糊不清，这样估算一个软件开发工作的成本、进度（schedule）和资源（resources）等就需要经验，需要掌握历史数据。

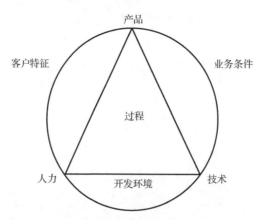

图 4.1 软件质量和组织绩效的决定因素

同时需要面对估算所带来的风险，这种风险可能来源于项目的复杂性（complexity）和不确定性（uncertainty）。这种复杂性和不确定性受两个方面的影响。一方面，在一个项目领域内长时间工作，对这个领域项目工作的复杂性和不确定性就会大大降低，而对于其他的未知领域，这种复杂性和不确定性就会大大增加，软件项目的复杂性和不确定性是相对而言的。另一方面，软件规模越大，软件复杂性就越高、不确定性就越大。因而随着软件规模的增长，软件内各组成元素之间的关联性、依赖性就会迅速增加，接口复杂程度、项目成本估算和进度估算等的误差就会越大，所带来的不确定性也会大大增加，如图 4.2 所示。因而，软件的复杂性和不确定性与软件开发规模也是息息相关的。

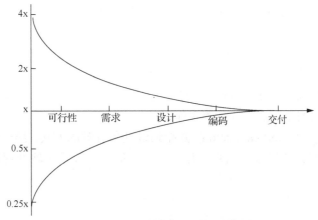

图 4.2　开发规划工作量时间估算图

x: 工作量。

软件开发中需求的不确定性对项目的估算也会产生很大的影响，这种需求主要指软件的质量需求与用户需求，包括软件的功能性需求和非功能性需求等。因此，对需求变更所产生的风险管理与控制也是非常重要的。

历史经验（historical experience）与数据的积累对软件项目的估算也有很大影响。历史经验与数据的可使用性越高，对待开发软件项目的估算帮助就越大，如果没有历史数据作为借鉴和参考，则会对软件的估算产生很大的风险。因此，我们要借鉴历史经验，不断总结吸取教训，效仿以往成功的开发模式，采用经过实践证明的正确方法，以避免开发软件时犯同样的错误。基于以往成功完成的、类似的项目进行估算，往往会实现比较好的效果。例如，开发与以往类似的软件项目产品，那么对项目的影响因素也会非常类似，如软件开发模式、功能、人员组织、商业条件等，可以借鉴的开发经验和数据也很准确，那么软件的估算工作就会非常准确。不过通常很难找到完全相同或非常类似的软件开发项目，待开发的软件项目或多或少都有变化，从而给项目估算带来较大的挑战。

此外，还有一些因素也会影响软件项目的估算准确性。例如，对待开发软件项目的理解程度、熟悉程度等会对估算产生影响；对开发人员的管理方式、培训方式、激励方式、组织形式等也会影响估算工作。因此，在软件项目工作中，我们要勇于面对软件项目估算的挑战，克服其中的困难，要考虑对软件的生产率（productivity）和工作量的度量诸多影响因素，提前做好详细的计划，准备工作越详尽，估算就越准确，就越能做出有价值的估算工作。

4.2　软件项目估算的基本内容

软件项目估算工作就是对软件开发项目的成本、进度、规模、工作量、风险等进行估算，这些估算工作都发生在软件计划过程中。项目估算主要是基于历史经验、数据、方法，辅助相关的估算工具来完成的，它由软件项目的目标、范围（scope）、产品功能、规模大小、业务逻辑和采用的相关技术等因素决定。估算的基本内容如下。

1）成本估算（cost estimation）是指对软件项目各种活动所需资源成本的定量估算工作。

2）进度估算（schedule estimation）是指通过工作量估算、任务分解和有效资源分配等对项目可能实施的时间进度进行正确的估算工作。

3）规模估算（scale estimation）是指通过代码行、功能点数、对象点或特征点数等对开发的软件产品的范围进行的估算工作。

4）工作量估算（effort estimation）是指通过任务分解的方式，结合软件开发人力资源管理来对项目的工作量进行估算工作。工作量估算一般是在软件规模估算和千代码行/人月的生产率估算的基础上进行的。

5）风险估算（risk estimation）是指通过风险发生的"概率"和风险发生后所造成的"影响"这两个风险分析的要素来进行评估风险的工作。

在项目估算中，我们首先要考虑的是软件规模估算问题，因为规模是软件项目量化的结果，代表项目范围的大小。因此，项目估算的结果取决于软件项目工作规模的估算准确性。其次，需要设法将规模估算转换成工作量，这种转换没有现成的公式，完全依赖历史经验、数据、环境和项目开发人员的能力等，需要不断积累数据和经验，逐渐形成比较可靠的估算公式。最后，需要基于工作量，结合开发周期、人力成本和现有的各种条件，制定合适的规避风险的策略，从而完成进度估算、成本估算等软件项目估算工作。

4.3　估 算 方 法

软件估算方法有很多种，大体上可以分为直接估算方法和间接估算方法两类。直接估算方法是指基于软件项目工作分解结构（work breakdown structure，WBS）的工作量估算方法，直接估算出人天工作量；间接估算方法是指先估算软件规模，再将其转换成人天工作量的估算方法。例如，代码行（line of code，LOC）估算法是直接估算方法，而功能点估算法（function point method，FP）、目标点法（target point method）等是间接估算方法。在项目估算的实际工作中，人们往往采用间接估算方法。软件估算方法也可以划分成以下几种基本类型。

1）算术模型法（arithmetic model method）：通过估算数据模型，代入参数变量的形式来进行估算的方法。例如，功能点、对象点、特征点、构造性成本模型（constructive cost model，COCOMO 模型）、IBM 定量影响因子估算模型等方法。

2）类比法（analogue）：此方法是一种比较科学的传统估算方法，是基于大量历史项目样本数据及量化的经验，来确定软件项目的预测值的估算方法。这是一种基于类比的估算技术，根据开发过类似的软件项目，直接进行类比获得当前软件项目的估算结果。

3）经验法（empirical method）：也称专家评估法（expert evaluation method），是由

行业经验丰富的一组专家，运用自己的行业知识、经验和专业特长，来对软件项目进行整体估算的方法。参与估算的人员应该具有专业的知识和丰富的经验，结合软件项目实际环境和状况给出一个近似的估算数据。因为这种方法过度依赖估算人员的主观性判断，所以估算出的结果误差较大，可靠性和准确度都比较低，适合对一个项目进行快速初步的估算，而不适合详细的估算。

在实际的软件项目估算中，常常采用分解技术（decomposition technology），将整个软件项目分解成若干主要的功能及相关的软件工程活动，然后针对简单项（如单个功能或单个活动）等结合一种或几种经验模型进行估算，最后累加获得整体的估算结果。这样将会发挥几种估算模型的优势，形成互补和验证，得到更加合理的、准确的估算结果。

一个典型的软件项目由多个子项目或多个软件开发阶段组成，每个阶段由多个相互关联的活动构成，而每个活动又可能细分为多个任务。这些恰恰可以应用分解技术，而分解技术中常用的方法是 WBS 方法，WBS 方法不仅局限于软件产品的功能分解，还可以扩展到非功能特性及其他软件任务的分解上，从而满足所有的功能性需求和非功能性需求。WBS 常用自顶向下（top-down）和自底向上（bottom-up）两种估算模式。WBS 方法的使用是建立在对项目范围掌控的基础之上的，我们需要和用户进行充分沟通，以获得足够的项目范围信息，WBS 方法的应用结果又能使我们对项目范围的理解更透彻，二者相辅相成，同时借助一些自动估算工具来共同完成估算工作。

4.4　软件规模估算方法

软件开发工作量的度量是建立在软件规模估算的基础上的，然而软件规模估算历来是比较复杂的事，因为受到软件本身的复杂性、历史经验的缺乏等因素的影响。另外，在软件估算过程中，还包括其他诸如人力资源、进度等方面的估算工作，这些都要事先进行很好的设计与规划，以保证估算工作和软件项目的顺利实施，这也是软件计划的重要工作内容。下面介绍几种常用的估算方法。

4.4.1　LOC

LOC 是简单、基本的软件规模定量估算方法，应用较普遍。这种方法是依据以往开发类似软件的经验和历史数据，来估计实现一个功能所需要的源代码行数，从而定量估算软件规模的方法。LOC 从软件程序量的角度定义项目规模，它是指开发软件所有可执行的源代码行数，包括可交付的工作控制语言语句、数据定义、数据类型声明、输入/输出格式声明等。使用代码行作为规模估算单位时，要求有一定的历史经验数据作为支撑，并且软件的功能划分要足够详细。

通过代码行生产率如 LOC/PM（人月）和 LOC/PD（人天）等比例数据可以体现一个软件组织的生产能力，根据对历史项目的类比分析来估算组织的单行代码价值。但是，优秀高效的软件设计和编程技巧可以降低实现同一功能软件产品的代码行数量，从而降低软件生产成本，并且 LOC 数据不能反映编程之外的工作，如需求分析、测试用例的设计、文档的编写和审核等工作。在软件生产效率的研究中，由于 LOC 具有一定的误导性，因此把 LOC 和缺陷率（defect rate）等结合起来会更加完整。

目前成本估算模型通常采用非注释的源代码行数来进行估算，采用不同的编程语言，程序的代码行数可能不一样。有些公司使用 LOC 数作为计算缺陷率的分母，而有些公司使用基于某些转换率的编译器级（compiler）的 LOC 数据作为分母，因此，工业界的标准应包括从高级语言到编译器的转换率（conversion rate）。如果直接使用 LOC 数据，则编程语言之间规模和缺陷率之间的比较通常是无效的。因此，比较两个软件的缺陷率时，如果 LOC、缺陷和时间间隔的操作定义不同则要特别小心。

LOC 的主要优点体现在代码是所有软件项目都有的，并且很容易计算出代码行数；许多现有的软件估算模型使用 LOC 和 KLOC 作为一项重要输入；现存有大量的关于 LOC 的文献和数据；等等。但是 LOC 也存在以下问题。

1）代码行的数量依赖所采用的编程语言和程序员的编程风格，受估算误差影响很难计算出用多种编程语言编写出的软件规模，也很难比较不同语言开发软件的生产率。

2）对于代码行而言没有公认的可接受标准定义，如注释代码行、空代码行、数据声明、代码复用等的计算，不同计算方式带来的计算差异非常大。

3）软件开发早期，在需求不确定、设计不成熟、功能不明确的情况下，很难相对准确地估算出代码量。

4）代码行只是单纯地体现了编码的工作量，而编码阶段只是整个软件生命周期的一个组成部分，这样估算出的软件规模和工作量显然偏低。

4.4.2　FP

FP 是在需求分析阶段基于系统功能的一种规模估算方法，以一个标准的单位来度量软件产品的功能，基于应用软件的外部、内部特性及软件性能的一种间接的规模度量，与实现软件产品所使用的编程语言和技术没有关系。FP 近几年已经在应用领域被认为是主要的软件规模估算方法之一。FP 由 IBM 公司的工程师艾伦·艾尔布策（Alain Albrech）于 1979 年提出，随后被国际功能点用户组（the International Function Point Users' Group，IFPUG）提出的 IFPUG 方法继承。它从系统的复杂性和特性这两个角度来估算系统的规模，即可以"从用户角度把握系统规模进行估算""在外部式样确定的情况下估算系统的规模"。功能点分析方法可以用于需求文档、设计文档、源代码、测试用例等的估算。根据具体方法和编程语言的不同，功能点可以转换为代码行。已经有多种功能点估算方法由国际标准化组织（International Organization for Standardization，ISO）规定为国际标准。

功能点提供一种解决问题的结构化技术，它是一种将系统分解为较小组件的方法，使系统能够更容易被理解和分析。在功能点中，系统分为五类组件和一些常规系统特性。

1）外部输入数（external input，EI）：计算每个用户输入，它们向软件提供面向应用的数据。输入应该与查询区分开，分别计算。

2）外部输出数（external output，EO）：计算每个用户输出（报表、屏幕、出错信息等），它们向软件提供面向应用的信息。一个报表中的单个数据项不单独计算。

3）外部查询数（external query，EQ）：一个查询被定义为一次联机输入，它导致软件以联机输出的方式产生实时响应。每个不同的查询都要计算。

4）内部逻辑文件（internal logic file，ILF）：计算每个逻辑的主文件，如数据的一个逻辑组合。它可能是某个大型数据库的一部分或一个独立的文件。

5）外部接口文件（external interface file，EIF）：计算所有机器可读的接口，如磁带或磁盘上的数据文件，利用这些接口可以将信息从一个系统传送到另一个系统。

前三类组件是处理文件的，也被称为事务。后两类组件是构成逻辑信息的数据存储文件，每个组件复杂度的分类基于一套标准，这套标准根据目标定义了复杂度。使用 FP 需要评估软件产品所需要的内部基本功能和外部基本功能，然后根据技术复杂度因子（权）对它们进行量化，计算出软件规模的最后结果。

功能点计算公式为

$$FP = UFC \times TCF$$

式中，UFC 表示未调整的功能点数（unadjusted function component，UFC）；TCF 表示技术复杂度因子（technical complexity factor，TCF）。

功能点计算的第一步是计算基于下面公式的未调整的功能点数。

$$UFC = \sum W_\theta X_\theta$$

式中，W_θ 表示根据不同的复杂度确定的五类组件的加权因子，如表 4.1 所示。

表 4.1　类基本组件的五类加权因子

加权因子	EI	EO	EQ	ILF	EIF
低复杂性	3	4	3	7	5
平均复杂度	4	5	4	10	7
高复杂性	6	7	6	15	10

第二步是用一个已设计的评分标准和方案，来评价 14 种系统特征因素（见表 4.2）对软件系统可能产生的影响程度（degree of influence，DI），计算公式为

$$DI = \sum_{i=1}^{14} F_i$$

表 4.2　14 个特征因素

F_n 特征因子	F_n 特征因子
F_1 数据通信	F_8 在线更新
F_2 分布式函数	F_9 复杂数据处理
F_3 性能	F_{10} 可重用性
F_4 常用配置	F_{11} 易于安装
F_5 备份和恢复	F_{12} 易于操作
F_6 在线数据门户	F_{13} 多站点
F_7 界面友好性	F_{14} 易于修改

对于以上每个影响因子，功能点访问（function point access，FPA）将其影响程度定义为以下六个等级，如表 4.3 所示。

表 4.3 影响因素值

调整因子	说明	调整因子	说明
0	无影响	3	一般影响
1	偶有影响	4	较大影响
2	轻微影响	5	严重影响

每个特征因子都有定义详细的识别规则，可参考计算实践手册（counting practices manual，CPM）。然后将这些特征因子的取值设为 0～5，根据以下公式相加得到技术复杂度因子（technical complexity factor，TCF）。

$$TCF=0.65 +0.01×DI$$

最后，根据总公式计算得到程序的功能点数 FP。

表 4.4 展示了编程语言与代码行数和功能点的关系。由于 FP 与编程语言没有太大关系，在选择上感觉功能点技术比代码行技术更加合理，但是在判断加权因子和技术特性因子的影响程度时，存在着相当大的主观因素，这个在估算时一定要加以注意。

表 4.4 编程语言与代码行数和功能点的关系

编程语言	LOC/FP（平均）
汇编语言	320
C	128
COBOL	106
FORTRAN	106
Pascal	90
C++	64
Ada95	53
Visual Basic	32
Smalltalk	22
Powerbuilder	16
SQL	12

下面介绍一款功能点估算工具，即 SPR KnowledgePLAN，它是一款非常容易使用的软件项目估算工具。SPR KnowledgePLAN 以功能点驱动的分析模型为估算基础（分析模型使用一个功能度量库，通过给定的大量已知的参数提取得到预测性的、可分析的生产率数据），并参考项目领域的历史数据［数据是从软件生产力研究（software productivity research，SPR）收集和研究过的 13000 多个软件项目中提取出来的，具有很好的代表性，可以成为估算的基线］，它还提供了功能点计算工具的接口，并能从微软

Project 或其他项目管理软件工具中导入项目计划或导出项目计划，从而有效地估算出项目的工作量、资源、进度等。软件的下载网址为：https://spr-knowledgeplan.software.informer.com/。

4.4.3 德尔菲法

德尔菲（Delphi）法也称专家调查法（expert investigation method），是 1946 年由美国兰德公司创始实行的，是一种专家评估技术方法。该方法由企业组成一个专门的预测机构，其中包括若干专家和企业预测组织者，按照规定的程序，背靠背地征询专家对未来市场的意见或判断，然后进行预测的方法。德尔菲法适用于在没有或没有足够历史数据的情况下，来评定软件采用不同的技术或新技术所带来的差异，专家的水平及对项目的理解程度是工作中的关键点。单独采用德尔菲法完成软件规模的估算有一定的困难，但对决定其他模型的输入（包括加权因子）时特别有用，因此，在实际应用中，一般将德尔菲法和其他方法结合起来使用。德尔菲法鼓励参加者就问题进行相互的、充分的讨论，并且要有多种软件相关经验人的参与，互相说服对方。德尔菲法本质上是一种反馈匿名函询法，其大致流程是在对所要预测的问题征得专家的意见之后，进行整理、归纳、统计，再匿名反馈给各位专家，再次征求意见，再集中，再反馈，直至得到一致的意见。德尔菲法评估流程如图 4.3 所示。

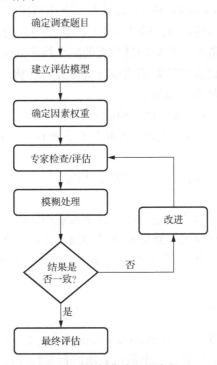

图 4.3　德尔菲法评估流程

1）组织者确定调查题目，拟定调查提纲，并向相关专家提供资料，包括预测目的、项目规格、估算表格、期限、调查表及填写方法等。

2）组织者召集组成专家小组，按照课题所需要的知识范围，确定专家人数的多少，同时召开小组会与各位专家讨论和规模相关的因素。

3）每位专家匿名填写迭代表格，给出软件规模的估算值，即最小值 a_i、最可能值 m_i、最大值 b_i。

4）组织者整理出一个估算总结，计算每位专家的平均值 $E_i = (a_i + 4m_i + b_i) / 6$，然后计算出期望值 $E_i = (E_1 + E_2 + \cdots + E_n) / n$，并以迭代表的形式返回给专家。

5）组织者召集小组会，讨论较大的估算差异。

6）专家复查估算总结并在迭代表上提交另一个匿名估算。

7）重复步骤4）～6），直到最低估算和最高估算一致。

德尔菲法的优点：①能充分发挥各位专家的作用，集思广益，准确性高；②能把各位专家意见的分歧点表达出来，取各家之长，避各家之短。

德尔菲法的缺点：①权威人士的意见容易影响他人的意见；②有些专家碍于情面，不愿意发表与其他人不同的意见；③出于自尊心而不愿意修改自己原来不全面的意见；④缺少思想沟通交流，可能存在一定的主观片面性，易忽视少数人的意见，可能导致预测的结果偏离实际。

4.4.4　类比估算法

类比估算法（analogous estimating）是从整体上适当评估一些与历史项目在应用领域、环境和复杂度方面相似的项目，通过新项目与历史项目的比较得到规模估计。类比估算法估计结果的精确度取决于历史项目数据的完整性和准确度，因此，用好类比估算法的前提条件之一是组织建立起较好的项目评价与分析机制，对历史项目的数据分析是可信赖的。类比估算法的基本步骤如下。

1）整理出项目功能列表和实现每个功能的代码行。

2）标识出每个功能列表与历史项目的相同点和不同点，特别要注意历史项目做得不够的地方。

3）通过步骤1）和2）得出各个功能的估计值。

4）产生规模估计。

在软件项目中采用类比估算法往往还要解决可重用代码的估算问题。估计可重用代码量的最好办法就是由程序员或系统分析员详细地考查已存在的代码，估算出新项目可重用的代码中需重新设计的代码百分比、需重新编码或修改的代码百分比及需重新测试的代码百分比。

4.4.5　标准构件法

软件由若干不同的标准构件（standard components）组成，这些构件对于一个特定的应用领域而言是通用的。例如，一个信息系统的标准构件是子系统、模块、屏幕、报表、交互程序、批程序、文件、代码行及对象级的指令。项目计划者估算每个标准构件的出现次数，然后使用历史项目数据来确定每个标准构件交付时的大小。我们以一个信息系统为例进行说明：计划者估算将产生 10 个报表，历史数据表明每个报表需要 600 行代码。这使计划者估算出报表构件需要 6000 行代码。对于其他标准构件也可以进行类似的估算及计算，将它们合起来就得到最终的规模值，最后可以根据数理统计方法，对结果进行调整。

4.5 工作量估算方法

工作量估算方法（effort estimation）一般可以根据软件规模估算和历史数据的结果进行估算。例如，可以采用类比估算法、经验估算法和工作分解结构法等进行估算。在采用这些方法时也要小心对待。例如，在采用类比估算法时，如果新项目的预计代码行数是以往类似的历史项目的 2 倍，则推算新项目的工作量也是类似项目的 2 倍。但实际上，由于项目复杂性增强，工作量可能增加了 3～4 倍；另外，项目之间存在很大差异性，这种差异没有在估算方法中具体体现出来，因此类比估算的结果也就不准确了，还需要根据开发人员的开发经验进行实际的调整。软件项目估算要将良好的历史经验数据和模型化方法、估算技术相结合，从而提高估算的精确度。

4.5.1 参数模型估算方法——静态单变量模型

参数模型估算方法（parameter model estimation method）也称经验导出模型法或算法模型法，是一种使用项目特性参数建立数学模型估算工作量的方法，是通过大量的经验数据进行数学分析的导出模型。一个模型不可能适合所有的项目，只能适合某些特定的项目情况。

参数模型估算方法的基本思想：找到软件工作量的各种影响因子，并判定它们对工作量所产生影响的程度，确定各种参数和适合的最佳模型算法。一般来说，如果某个因子对项目的影响是局部的，则认为它是可加的；如果某个因子对项目的影响是全局的，则认为它是乘数级的或指数级的。参数估算模型是基于过去项目数据的回归分析模型，它对工作量直接进行估算，一般分为静态单变量模型（static univariate model）和动态多变量模型（dynamic multivariable model）两类。

静态单变量模型的总体形式为

$$E = a + b \times S^c$$

式中，E 表示以人月来表示工作量；a、b、c 表示经验导出系数；S 表示估算变量（通常是代码行、功能点等主要输入参数）。典型的几种静态单变量模型如下：

IBM model： $E = 5.2 \times KLOC^{0.91}$ 。

Balley-Basili model： $E = 5.5 + 0.73 \times KLOC^{1.16}$ 。

Basic COCOMO（结构性成本模型，constructive cost model）： $E = 3.2 \times KLOC^{1.05}$ 。

Doty model（KLOC > 9）： $E = 5.288 \times KLOC^{1.047}$ 。

Albrecht & Gaffney model： $E = -13.39 + 0.0545FP$ 。

Matson, Barnett & Mellichamp model： $E = 585.7 + 15.12FP$ 。

4.5.2　参数模型估算方法——动态多变量模型

动态多变量模型也称软件方程式模型，它是 1978 年由普特南（Putnam）提出的一种基于动态多变量的模型。该模型假设在软件开发项目的整个生命周期中有一个特定的多变工作量曲线分布，它是根据 4000 多个软件项目的历史数据统计推导出来的。动态多变量模型把已交付的源代码行数与工作量和开发时间联系起来，基于软件规模和开发时间这两个变量的函数，工作量的估算公式具体形式为

$$E = \left(LOC \times B^{0.333} / P\right)^3 \times \left(\frac{1}{t}\right)^4$$

式中，E 表示软件项目生命周期中所花费的工作量，以人月或人年为单位表示；LOC 表示源代码行数（规模）；B 表示特殊技术因子，反映了软件开发的技术影响程度，它随着对软件各种技术需求的增长而缓慢增加，如规模小的程序（KLOC=5～15），B=0.16，而对规模大的程序（KLOC>70），B=0.39；t 表示以月或年为单位的项目持续时间变量；P 表示生产力参数，可以通过所积累的项目历史数据来推导，它受下列因素的影响：组织过程的成熟度及过程管理水平、软件工程最佳实践被采用的程度、程序设计语言的影响、软件开发环境的状态、软件项目组的技术及经验、项目应用系统的复杂性。

通常来说，可以从历史数据导出适合当前项目的软件生产率参数，参数模型估算方法适合比较成熟的软件企业，因为这些企业拥有大量的历史项目经验数据，并可以归纳出成熟的估算模型。该模型的主要特点是简单且估计值相对比较准确，根据实际情况，一般参考历史数据，对参数模型按适当比例调整，但是如果模型选择不合适或数据偏差过大，则会导致项目估计值出现大幅度偏差。

4.5.3　参数模型估算方法——COCOMO 方法

结构性成本模型（constructive cost model，COCOMO）是由巴里·伯姆于 1981 年提出的一种精确的、易于使用的基于模型的软件成本估算方法。这种方法从本质上说是一种参数化的项目估算方法，它使用一种基本的回归分析公式，将项目历史和现状中的某些特征作为参数来进行计算。

通常上述模型也称 COCOMO 81 模型。1997 年，COCOMO 81 模型开始研发，并最终于 2001 年出现在《软件成本估算：COCOMO II 模型方法》一书中。COCOMO II 是 COCOMO 81 的继承者，并且更适用对现代软件开发项目进行估算。它为现代软件开发流程提供了更多支持，并提供了一个更新的数据库。对新模型的需求来源于软件开发技术，从基于大型计算机和批处理到桌面开发、代码重用及利用即有软件模块的改变。

1. COCOMO 按照详细程度划分

COCOMO 按其详细程度可以分为三个不同层次的模型，来反映不同程度的复杂性，它们分别为基本 COCOMO、中间 COCOMO、详细 COCOMO。

1）基本 COCOMO，是一个静态单变量模型，它用一个已估算出来的源代码行数为自变量的函数来计算软件开发工作量。

2）中间 COCOMO，在用 LOC 为自变量的函数计算软件开发工作量的基础上，再用设计产品、硬件、人员、项目等方面属性的影响因素来调整工作量的估算。

3）详细 COCOMO，它包括中间 COCOMO 的所有特性，但用上述各种影响因素调整工作量估算时，还要考虑对软件工程过程中分析、设计等每个步骤的影响。

2. COCOMO 按照项目类型划分

在 COCOMO 中，考虑到开发环境的不同，软件开发项目的类型可以分为以下三种。

1）组织型（organic）：相对较小、较简单的软件项目。开发人员对开发目标理解比较充分，与软件系统相关的工作经验丰富，对软件的使用环境很熟悉，受硬件的约束较小，程序的规模不是很大（少于 50000 行）。

2）嵌入型（embedded）：要求在紧密联系的硬件、软件和操作的限制条件下运行，通常与某种复杂的硬件设备紧密结合在一起。对接口、数据结构、算法的要求很高，软件规模任意，如大而复杂的事务处理系统、大型/超大型操作系统、航天用控制系统、大型指挥系统等。

3）半独立型（semidetached）：介于上述两种软件之间。规模和复杂度都属于中等或更高。最多可达 300000 行。

COCOMO 重点考虑 15 种影响软件工作量的因素，并通过定义乘法因子，准确、合理地估算软件的工作量，这些因素主要分为以下四类。

1）产品因素：包括软件可靠性、数据库规模、产品复杂性。

2）硬件因素：包括执行时间限制、存储限制、虚拟机易变性、环境周转时间。

3）人的因素：包括分析员能力、应用领域实际经验、程序员能力、虚拟机使用经验、程序语言使用经验。

4）项目因素：包括现代程序设计技术、软件工具的使用、开发进度限制。

根据其影响的大小，这些因素从低到高在六个级别上取值。根据取值级别确定工作量乘数，并且所有工作量乘数的乘积就是工作量调整因子（effort adjustment factor，EAF），其中 EAF 的典型值为 0.9～1.4，表 4.5 给出了具体的值。

表 4.5　EAF 的因子值

成本驱动因子		级别					
		很低	低	正常	高	很高	极高
产品属性	可靠性：RELY	0.75	0.88	1	1.15	1.40	
	数据规模：DATA		0.94	1	1.08	1.16	
	复杂性：CPLX	0.70	0.85	1	1.15	1.30	1.65
平台属性	执行时间的约束：TIME			1	1.11	1.30	1.66
	存储约束：STOR			1	1.06	1.21	1.56
	环境变更率：VIRT		0.87	1	1.15	1.30	
	平台切换时间因子：TURN		0.87	1	1.07	1.15	

成本驱动因子		级别					
		很低	低	正常	高	很高	极高
人员属性	分析能力：ACAP	1.46	1.19	1	0.86	0.71	
	应用经历：AEXP	1.29	1.13	1	0.91	0.82	
	程序员水平：PCAP	1.42	1.17	1	0.86	0.70	
	平台经验：PLEX	1.21	1.10	1	0.90		
	语言经验：LEXP	1.14	1.07	1	0.95		
过程属性	使用现代程序设计实验：MODP	1.24	1.10	1	0.91	0.82	
	使用软件工具的水平：TOOL	1.24	1.10	1	0.91	0.83	
	进度约束：SCED	1.23	1.08	1	1.04	1.10	

COCOMO 具有估算精确、易于使用的特点，在该模型中使用的基本量有以下几个。

1）源指令条数（delivered source instruction，DSI），定义了代码行数，包括除注释行外的全部代码，如果一行有两个语句，则算一条指令。KDSI 即交付源指令的千代码行数（kilometer delivered source instruction）。

2）MM（man-month，人月）表示开发工作量。

3）TDEV（time deviation，时间偏差）表示开发进度（估算单位为月），由工作量决定。

这样，COCOMO 工作量估算模型可以表示为以下公式。

$$E_a = a_i(KDSI)^{b_i} \times EAF \quad (man\text{-}month)$$

需要的开发时间 T_d 和工作量密切相关：

$$T_d = c_i(E_a)^{d_i} \quad （月）$$

式中，E_a 是以人月为单位的工作量，KDSI 是估算的项目源指令条数（以千代码行数为单位）。系数 a_i、b_i、c_i 和 d_i 由表 4.6 给出，这类模型的估算误差可能在 20%左右。

表 4.6 不同类型项目的系数 a_i、b_i、c_i 和 d_i

项目类型	a_i	b_i	c_i	d_i
组织型	3.2	1.05	2.5	0.38
半独立型	3.0	1.12	2.5	0.35
嵌入型	2.8	1.20	2.5	0.32

详细的 COCOMO 过于烦琐，适用于大型复杂项目的估算，其中的参数项太多，此处不做过多解读。详细模型针对每个影响因素，按模块层、子系统层、系统层，有三张工作量因素分级表，供不同层次的估算使用，而每张表中又按开发各个不同阶段给出。例如，软件可靠性在子系统层的工作量因素分级示例如表 4.7 所示。

表 4.7 按子系统级别的工作量因素分级

可靠性等级	需求和产品设计	详细设计	编码和单元测试	集成测试	综合
极低	0.80	0.80	0.80	0.60	0.75
低	0.90	0.90	0.90	0.80	0.88
正常	1.00	1.00	1.00	1.00	1.00
高	1.10	1.10	1.10	1.30	1.15
极高	1.30	1.30	1.30	1.70	1.40

COCOMO II 是顺应现代软件开发的变化而对 COCOMO 做出的改进版，把最新软件开发方法考虑在内。COCOMO II 实际上是由三个不同的计算模型组成的。

1）应用组合模型：适用于使用现代图形用户界面（graphical user interface，GUI）工具开发的项目。

2）早期开发模型：适用于在软件架构确定之前对软件进行粗略的成本和事件估算，包含一系列新的成本和进度估算方法，基于功能点或代码行。

3）结构化后期模型：这是 COCOMO II 中详细的模型。它在整体软件架构确定之后使用，包含最新的成本估算、代码行计算方法。

4.5.4 基于用例的工作量估算法

现在很多软件系统采用统一建模语言（unified modeling language，UML）进行设计，因而出现了一些基于 UML 规模度量的方法。其中，用例点估算法（use case point，UCP）是由古斯塔夫·卡尔纳（Gustav Karner）在 1993 年针对功能点分析方法（function point access，FPA）提出的一种改进方法，是在面向对象开发方法中基于用例估算软件项目规模及工作量的一种方法。UCP 的基本思想是利用已经识别出的用例和执行者，根据它们的复杂度分类计算用例点。

用例模型（use-case model）是系统功能及系统环境的模型，它可以作为客户和开发人员之间的契约。用例是贯穿整个系统开发的一条主线，在 UML 中被定义为"一个系统可以执行的动作序列的说明"，其中这些动作与系统参与者进行交互，用例图由参与者（actor）、用例（use case）、系统边界和箭头组成，用画图的方法来完成。同一个用例模型即为需求工作流程的结果，可当作分析设计工作流及测试工作流程的输入使用。用例描述则具体说明了用例图中的每个用例（表 4.8），用文本文档来描述用例图中用箭头所表示的各种关系，包括泛化、包含和扩展等。

表 4.8 用例说明

目录	说明
用例名称	用例模型的实际名称
用例标识号	标记号格式可以根据某些规则编写，如 UC_1_2 等
参与者	描述主要和次要实现者

续表

目录	说明
简要说明	简要描述用例的角色和用途
先决条件	在执行用例之前，系统必须处于的状态
基本事件流	描述用例的基本流是当每个流"正常"工作时发生的情况，没有任何替代或异常流，而只有最有可能的事件流
其他事件流	指示操作或进程是可选的或备用的，并且不需要总执行它们
异常事件流	指示在发生异常情况时要执行的过程
后置条件	执行用例后系统可能处于的状态集

通过用例来描述系统的需求更清楚，不但知道哪些任务要完成，而且任务之间的关系也比较明确。如果可能，可以在功能点和用例之间建立良好的映射关系，项目的估算会更准确。

在某个层次上使用数百个用例来描述行为是没有必要的，少量的外部用例或场景就能准确地覆盖所描述对象的行为。在 IBM Rational 中，一般认为用例的数量在 10~50 个比较合适，而每个用例可以带有几十个相关场景。如果有大量的用例，则需要进行功能分解。较多的用例数量，至少使用例在层次上更全面。同时，使用用例来描述项目范围时，也可以分为以下五个层次。

1）类（class）：无须用例来描述。

2）模块或组件（modules or components）：由多个类组成。例如，可假定平均 8 个类构成一个组件。

3）子系统（subsystem）：由多个模块或组件构成。

4）独立系统（independent system）：由多个子系统组成。

5）集成系统（integrated system）：由多个系统构成综合系统。

不同的应用系统可能会有较大差异。集成系统、独立系统、子系统和模块、组件上都会存在用例，可以通过假设一个组件具有的用例个数，计算出每个类的代码行数和每个组件的代码行数，继而按照人月估算出用例的工作量。

基于用例的估算，最好还是和 WBS 方法结合起来使用，并且应该设法更好地理解问题的领域、系统构架和所选用的技术平台等的影响。第一次粗略的估计可以根据专家的观点或采用更正式的德尔菲法。有了软件规模的初步估算就可以对号入座，将项目放在某个层次上——集成系统、系统、子系统或组件，再结合架构知识和对业务领域的理解，参照表 4.5 设定更合适的值。

实际考虑工作量规模时，需要对个别用例的小时数进一步调整，工作量估算值只适合相应规模系统的上下文所描述的特定层次。因此，当构建一个 5600SLOC 并不复杂的子系统时，采用每个用例 55 小时来进行估算。但是，如果构建 40000SLOC 规模的子系统，每个用例的工作量可能要调整为 60.5 小时。

UCP 是以用例模型为基础，通过计算用例点和项目生产率的取值，计算用例点和工作量的换算，得到项目开发所需的以人小时数为单位的工作量。UCP 算法是受 FPA

和 MKII（MKII FPA 功能点法，Mark II function points）方法的启发，在对 Use Case 的分析的基础上进行加权调整得出的一种改进方法。

UCP 的基本步骤如下。

1）对每个角色进行加权，计算未调整的角色的权值（unadjusted actor weight，UAW）。

2）计算未调整的用例权值（unadjusted use case weight，UUCW）。

3）计算未调整的用例点（unadjusted use case point，UUCP）。

4）计算技术和环境因子（technical and environment factor，TEF）。

5）计算调整的用例点（use case point，UCP）。

6）根据规模和工时的转换因子来计算工作量。

4.5.5 扑克估算方法

扑克估算（poker estimation）方法又称敏捷估算扑克法或策划扑克法，它来源于敏捷实践，是一种估算软件规模的敏捷方法。该方法的规模计量单位是故事点，故事点只是一个计量单位的名称，也可以用其他名字给它命名。故事点其实不仅仅是对规模的度量，还包括对需求复杂度等其他因素的度量。故事点并非业界统一的一个度量单位，仅对项目具有近似相等的规模，不同的项目所定义的故事点很可能是不等的。在估算完故事点后，可以凭经验估算一个故事点的开发工作量，从而得到所有的用户故事的工作量。也可以进行试验，试着开发一个用户故事，度量花费的工作量，得到开发效率，即在本项目中一个故事点需要花费多少工时，再估算所有故事的工作量。

1. 扑克估算方法的环节

扑克估算方法的使用方法多样，可结合项目自身情况使用，其中离不开以下三个环节。

1）分牌：为每名参与估算的成员分一组牌，每副牌可供 3～4 人估算使用。

2）讲解：产品负责人讲解需要估算的任务，团队成员可针对该任务进行讨论并提出问题，对该任务有一定的了解。

3）估算：团队每个成员同时出牌，代表自己的估算工时，估算过程不可互相商讨，团队结合项目自身情况选用合适的估算规则，取得估算值。

扑克估算方法参与的人员包括所有开发人员，如程序员、测试人员、数据库工程师、分析师、用户交互设计人员等，在敏捷项目中一般不超过 10 人。产品负责人参与其中，但是并不作为估算专家。

2. 扑克估算方法的一般步骤

1）为参与估算的每名开发人员发放一副估算扑克，扑克上面的数字标为斐波那契序列：0、0.5、1、2、3、5、8、20、40 或 50、100 等，还设置有问号（？）或无穷大（∞）。每副扑克有四组这样的数字，可供 4 个人使用。扑克上的数字代表估算值——工作量，可以代表人天、人月等。如果出现无穷大（∞），则表示可能任务太大，需要进一步分解任务；如果出现问号（？），则说明需求不够清晰、明确或有其他原因无法估算，要由产品负责人解释或由团队讨论解决。

2）选择一个比较小的用户故事，确定其故事点（3～4 人天的工作量），将该故事作为基准故事。

3）选择一个用户故事。

4）主持人朗读描述，主持人通常是产品负责人或分析师，当然也可以是其他任何人，产品负责人回答估算者提出的任何问题，其他人讨论用户故事。

5）每个估算者对该用户故事与基准故事进行比较，选择一个代表其估算故事点的牌，在主持人号令出牌前每个人的牌面不能被其他人看到，然后同时出牌，每个人都可以看到其他人打出的牌。

6）主持人判断估算结果是否比较接近，如果接近则接受估算结果，转向 3）选择下一个故事，直至所有的用户故事都估算完毕，否则转向 7）。

7）如果结果差异比较大，则估算值最高及最小的估算者进行解释，其他人讨论，时间限定为不超过 2 分钟。如果所有人同意，也可以对该用户故事进行更细致的拆分。

8）转向 5），一般很少有超过 3 轮才收敛的现象。

在实际工作中，可能很难达到完全一致，只要达到比较接近的点数或进行了四轮以上出牌（估算），就可以终止该条目的估算，直接计算估算值的平均值即可。在扑克估算方法中，参与的人员对被估算的需求进行充分的沟通，并综合程序员、测试人员等各个角色的专家观点，融专家法、类比法、分解法为一体，既能根据多人的估算结果来获得某些开发任务的估算结果，又能强调沟通阐述如何做出的估算，可以快速、可信、有趣地进行估算工作。

采用扑克估算方法的原因有以下几个。

1）团队的智慧要高于某个人的智慧，多名团队成员参与估算，团队成员可以从不同的视角来思考和分析问题，估算的过程中考虑得更加全面、估算也更加准确。

2）在估算的过程中，真正参与工作的人做出的估算要高于其他人做出的估算。

3）在一个高度透明的环境下，估算的结果更加真实和客观。这样也避免了很多时候过于武断，或者拍脑袋做出的决定。

4）估算的过程也是一个知识分享和学习的过程，对某个条目不清楚的成员通过其他成员的阐述会增加其对该条目涉及的要点的认识。

4.6 估算方法综合讨论

在实际的软件项目开发中经常会有估算的需求，在不同的阶段都需要进行估算工作。时间越早、估算结果差异越大，随着时间的推移，估算越准确，在不同阶段或不同的场景下，估算方法和技巧的区别是很大的。

在项目初期，项目的需求不是很明确，并且需要尽快得出估算的结果，可以采用类比法。在需求明确以后，开始规划项目时，可以采用自下而上估算法或参数化估算法。

一般来说，自下而上估算法费时费力，参数化估算法比较简单，它们的估算精度比较相似。从估算方法综合来看，软件估算方法主要采用分解、类比和经验、参数化等各类方法，但各种方法不是孤立的，更多的时候是将这些方法综合起来使用，类比估算法通常用来验证其他估算方法的估算结果。分解的方法包括纵向分解和横向分解。

1）纵向分解（vertical decomposition）是在时间轴上对项目进行分解，也就是将整个项目过程分解为子阶段，然后分解为更小的活动或任务。纵向分解是基于过程的估算方法。

2）横向分解（horizontal decomposition）是针对软件产品或软件系统来进行分解，将产品进行模块、组件或功能方面的分解，包括 WBS 方法、功能点方法和代码行方法等。

一般在项目层次上，项目之间缺少可比性，但在模块或组件层次上、阶段性任务上具有可比性，可以基于历史数据来进行比较获得数据。因此，在实际估算工作中，一般先采用分解的方法，将项目分解到某个层次上，然后采用类比分析方法和经验方法。

许多估算方法的基本出发点是一致的。例如，LOC 方法和 FPA 方法是两种不同的估算方法，但两者之间有共同之处，项目计划者从界定的软件范围说明开始，将软件分解为可以被单独估算的部分（功能、模块或活动等）；然后，将基线生产率估算用于变量估算中，从而导出每个部分的成本及工作量。将所有单项的估算合并起来，即可以得到整个项目的总体估算。但是，LOC 和 FPA 估算技术在分解所要求的详细程度及划分的目标上有所差别。当 LOC 被用作估算变量时，分解是绝对必要的，并且常常需要分解到非常精细的程度。分解的程度越高，就越有可能建立合理的、准确的估算。FPA 估算技术的分解则不同，它的焦点并不在具体功能上，而是要估算每个信息域特性——输入、输出、数据文件、外部查询、外部接口及 14 个复杂度调整值等。

习　　题

1. 软件项目估算的基本内容是什么？
2. 估算不准的主要原因是什么？
3. 阐述代码行估算法和基于功能点估算方法之间的关系。
4. COCOMO 按照项目类型可以划分成几类？各类包含什么内容？
5. 某软件公司正在进行一个软件项目开发，预计有 20KLOC 的代码量，项目是中等规模的嵌入式类型的项目，采用中等 COCOMO 模型。其中，软件项目属性中只有复制性为很高级别，其他属性为正常，计算项目是多少人月的规模。如果 3 万元/人月，则项目的费用是多少？
6. 项目经理对一个数字化校园系统项目进行评估，采用的是德尔菲估算方法，邀请了 3 位专家进行估算。第一位专家给出 2 万元、5 万元、7 万元的估算值；第二位专家给出 3 万元、5 万元、9 万元的估算值；第三位专家给出 2 万元、6 万元、8 万元的估算值。请根据上面数据计算出这个项目的成本估算值。

第 5 章　软件质量管理

软件产品与其他产品一样，对产品质量是有一定要求的，并且软件产品质量的高低决定了软件的使用程度和使用寿命。可以说软件质量是贯穿软件生存期的一个极为重要的问题，是软件开发过程中所使用的各种开发技术和验证方法的最终体现。因此，在软件生存期中要特别重视软件质量，以生成高质量的软件产品。

5.1　软件质量简介

5.1.1　软件质量的定义

1979 年，费希尔（Fisher）和莱特（Light）将软件质量（software quality）定义为表征计算机系统卓越程度的所有属性的集合。1982 年，费希尔和贝克（Baker）将软件质量定义为：软件产品满足明确需求的一组属性的集合。1994 年，ISO 公布的《质量管理和质量保证　术语》（ISO 8042:1994）将软件质量定义为：反映实体满足明确的和隐含的需求能力特性的总和。《质量管理体系　基础和术语》（ISO 9000:2000）将软件质量定义为：一组固有特性满足要求的程度。IEEE 将软件质量定义为软件产品满足规定和隐含的与需求能力有关的全部特征和特性：①软件产品质量满足用户要求；②软件各种属性的组合程度；③用户对软件产品的综合反映程度；④软件在使用过程中满足用户要求的程度。

因此，软件质量是指软件产品满足明确需求及隐含需求的程度。其中，满足明确需求是指满足软件产品所规定需求的特性，这也是软件产品质量基本的要求；隐含需求是指未来可能需要开发的功能，这些功能能够提升用户的满意度，如界面更美观、用户操作更方便等。

从软件质量的定义的角度，可以将软件质量分为以下三个方面：①从需求角度来说，软件产品符合软件开发初期确定的目标，并且具有一定的可靠性；②从用户角度来说，软件产品的需求是根据用户需求设定的，软件产品的最终目的是满足用户需求，解决实际问题；③从用户隐性需求来说，除了需要满足用户的显式需求，还要尽可能地满足用户的隐性需求，如一些用户未来可能需要的功能，这些功能将极大程度地提高用户的满意度与软件产品质量。

对于高质量的软件产品，除了满足显式需求和隐性需求，还要易于升级和维护。例如，在软件开发过程中，代码需要具有统一标准的编码规范、清晰合理的注释、系统的需求分析、软件设计等文档，这些对软件的升级和维护具有很大的帮助，同时也是软件质量的一个衡量标准。

5.1.2　软件质量模型

软件产品质量（software product quality）是用户与软件开发人员都比较关心的问题，但软件产品与其他产品不同，无法通过直观的观察判断软件质量的好坏，那么如何客观全面地评价一个软件的质量呢？为了更好地评价软件产品的质量，需要将软件质量的特性组合转换为物理模型或数学模型。

1976 年，巴里·伯姆第一次提出了软件质量度量的层次模型；1978 年，麦考尔（McCall）等提出了从软件质量要素、准则到度量的三层模型；1985 年，ISO 建议软件质量模型由三层组成，其中第三层由用户定义，这三层的具体内容如下。

1）高层：软件质量需求评价准则。

2）中层：软件质量设计评价准则。

3）低层：软件质量度量评价准则。

目前通用的办法是通过《软件工程　产品质量》（ISO/IEC 9126:1991）对软件产品的质量进行评价，ISO/IEC 9126:1991 规定了软件质量度量模型，它不仅定义了软件质量，还制定了软件测试的规范流程等，其中包括 6 个特性和 27 个子特性，如图 5.1 所示。

《系统与软件工程系统与软件质量要求和评价（SQuaRE）系统与软件质量模型》（ISO/IEC 25010:2011）弥补了 ISO/IEC 9126:1991 软件质量模型的不足，描述了 8 个质量特性和 31 个子特性。

1）功能适合性（functional suitability）。

① 功能完整性（functional completeness）：软件产品实现的功能达到所有指定任务和用户目标的程度。

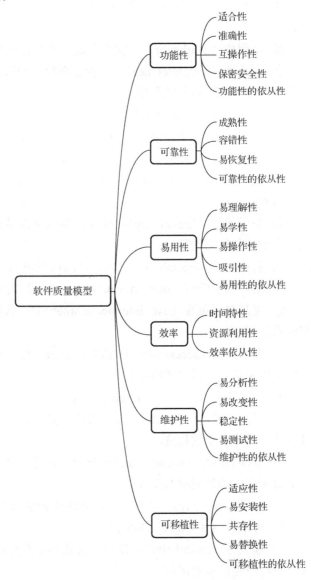

图 5.1　ISO/IEC 9126:1991 软件质量模型

② 功能正确性（functional correctness）：软件产品提供具有所需精度的正确或相符的结果的程度。

③ 功能适当性（functional appropriateness）：软件产品促进完成指定任务和目标的程度。

2）可靠性（reliability）。

① 成熟度（maturity）：软件系统、产品或组件在正常运行下满足可靠性要求的程度。

② 可用性（availability）：软件系统或产品在使用时可操作和可访问的程度。

③ 容错性（fault tolerance）：尽管存在硬件故障或软件故障，但软件系统、产品或组件仍然按照预期运行的程度。

④ 易恢复性（recoverability）：当发生中断或故障时，软件产品或系统能够恢复直接受影响的数据并重新建立系统所需状态的程度。

3）易用性（usability）。

① 被识别的适当性（appropriateness recognizability）：用户能够识别产品或系统满足其需求的程度。

② 易学习性（learnability）：软件产品或系统能够使用户在紧急情况下学习如何有效、高效地使用它的程度。

③ 易操作性（operability）：软件产品或系统易于操作、控制和恰当使用的程度。

④ 用户错误防御（user error protection）：软件产品或系统保护用户不出错的程度。

⑤ 用户界面美观（user interface aesthetics）：软件产品提供的用户界面令用户愉快和满意的程度。

⑥ 可访问性（accessibility）：软件产品或系统可以被具有最广泛特性和能力的人在特定环境中使用，以实现特定目标的程度。

4）性能效率（performance efficiency）。

① 时间特性（time-behavior）：软件产品或系统在执行其功能时的响应和处理时间及吞吐量满足要求的程度。

② 资源利用率（resource utilization）：软件产品或系统在执行其功能时所使用的资源数量和类型满足要求的程度。

③ 容量（capacity）：软件产品或系统参数的最大极限满足要求的程度。

5）可维护性（maintainability）。

① 模块性（modularity）：使得在对软件系统中的一个组件进行更改后，系统中其他的组件产生最小的影响。

② 可复用性（reusability）：有价值的事物能够用于多个系统或构建其他事物的程度。

③ 易分析性（analyzability）：评估一个或多个零件的预期变更对产品或系统的影响，或者诊断产品的缺陷或故障原因，或者识别待修改零件的有效性和效率程度。

④ 易修改性（modifiability）：在不引入缺陷或降低现有产品质量的情况下，软件产品或系统可以被有效且高效修改的程度。

⑤ 易测试性（testability）：为软件系统、产品或组件建立有效且高效的测试标准，并进行测试确认软件是否满足这些标准的程度。

6）可移植性（portability）。

① 适应性（adaptability）：软件产品或系统能够有效地使用不同或不断发展的硬件、软件或其他操作或使用环境的程度。

② 易安装性（installability）：在指定环境中成功安装和/或写在产品或系统的有效性和高效性程度。

③ 可替代性（replaceability）：在相同环境中，产品能够替换其他具有相同目的的指定软件产品的程度。

7）兼容性（compatibility）。

① 互操作性（interoperability）：两个或多个软件系统或产品或组件可以交换信息并使用已交换信息的程度。

② 共存性（co-existence）：软件产品在与其他产品共享相同环境和资源的同时，能够有效地执行其所需功能，而不会对其他产品产生有害影响的程度。

8）安全性（security）。

① 保密性（confidentiality）：软件原型能够确保数据只能由被授权的人访问的程度。

② 完整性（integrity）：软件系统、产品或组件防止未经授权就修改或访问计算机程序或数据的程度。

③ 抗抵赖性（non-repudistion）：软件系统能够证明已发生的行动或事件，以便日后不能否认这些行动或事件的程度。

④ 责任（accountability）：根据实体的操作能唯一跟踪到该实体的程度。

⑤ 真实性（authenticity）：主体或资源的身份可以证明是所声称身份的程度。

5.1.3　软件质量控制

1. 软件质量控制概述

软件质量的高低并不是某个人或某个组织决定的，而是由在软件开发过程中所涉及的每个人决定的。软件质量控制要求软件开发过程中的每个人都要有质量的概念，只有高质量的开发过程才会有高质量的软件产品。通过建立好的开发过程模型，并在项目开发过程中确保遵循该模型的流程，达到控制开发流程质量的目的，最终实现软件质量的目标。

软件质量控制（software quality control）是指在整个软件生命周期，对软件产品的质量进行连续的收集与反馈，在软件生命周期的不同阶段综合使用多种预防和检测的技术，及时纠正产品缺陷，以确保软件在开发过程中向着既定的质量目标发展。

为了更好地进行质量控制，测试人员不仅需要明确软件产品的功能，还需要明确软件产品质量需要达到的目标。可以说质量目标的确定是质量控制中的一项重要内容，即明确软件应达到什么样的质量标准。通常情况下，软件质量目标的制定需要考虑以下几个方面。

1）实用性（practicability）：制定的质量目标能够适用于各种软件产品的需求，不受软件类型和软件规模的约束，同时所制定的软件质量目标是可度量的。

2）易学性（learnability）：对于不同的开发、测试人员，质量标准是容易被理解、学习和掌握的。

3）可靠性（reliability）：对于同一软件进行测试时，在不同的场景下能够得出一致的软件质量评价。

4）针对性（pertinency）：在软件设计的不同阶段有不同的软件质量评价目标。

5）客观性（objectivity）：对软件的评价是多维度的，并且评价结果能够通过定量的方法表示出来。

6）经济性（economy）：在保证软件质量的同时，控制软件测试所需的费用。

2. 软件质量控制的方法

在制定好软件质量目标后，通常采用静态方法和动态方法对软件质量进行控制。其中，静态方法是指评审，包括技术评审、同行评审等；动态方法是指测试，包括单元测试、集成测试、系统测试等多种测试方法。

（1）评审

评审的目的是检验软件开发与测试各个阶段的工作是否达到规定的技术要求和质量要求。通过评审可以尽早地发现设计、开发、测试中可能存在的问题，并且评审可以作为一种项目跟踪的手段，提高产品质量、缩短开发周期、降低开发成本。

其中，技术评审主要是对软件的需求文档、设计文档、代码等进行评审，及时发现并消除其中的缺陷，对项目的技术方案进行可行性分析。根据软件的开发过程，技术评审可具体分为需求评审、设计评审、代码评审和测试评审。不同的评审阶段需要不同的参考文档，如表 5.1 所示，评审工作贯穿软件开发与测试的各个阶段，在每个阶段都需要严格遵循评审规范进行评审。

表 5.1   审查所需文档

需求评审	软件需求文档、测试需求文档
设计评审	概要设计说明书、详细设计说明书
代码评审	代码规范
测试评审	测试计划、测试用例规范、缺陷报告规范

不同的评审有不同的评审目的，并且由不同角色与职责的人员参与评审。

1）单人评审：仅由一个评审员对软件产品进行简单的评估，发现软件产品的缺陷与不足。通常在软件产品简单明了、缺陷数量很少，并且非关键功能的情况下，会采用单人评审的方式。

2）同行评审（peer review）：由软件产品的同行对该软件进行检查，发现软件产品的缺陷与不足。通常在软件产品功能较多或比较复杂、缺陷数量很多或比较严重的情况下，会采用同行评审的方式。

3）管理评审：由软件管理人员对软件测试过程中的管理活动进行评估，发现过程中的缺陷，进而对管理活动进行改进。

4）代码检查（code review）：对已开发完成的代码进行检查，如果发现编码不规范、开发功能与产品需求不符等问题，则及时进行修复，进而提高代码的质量。

（2）测试

测试（testing）是指测试人员通过人工或自动化的方式对软件产品进行检验的过程，检验实际产品是否满足产品需求、是否满足预期结果。测试活动包含测试执行之前和执行之后的所有活动，包括测试计划和控制、测试分析和设计、测试实现和执行、测试评估和报告、测试结束活动等。整个测试的范畴主要包括验证和确认两个部分。

1）验证：通过检查和客观事实来验证软件产品是否满足需求，即输入、输出之间的比较。换而言之，校验软件产品是否已完成软件产品需求说明书中所定义的功能和特性。验证结果表明软件产品与产品需求一致。

2）确认：通过检查和测试结果来证明软件产品是否已实现特定的功能。在确认时，测试人员需要从用户角度出发，确认软件产品是否满足用户的真实需求，即一切从用户的角度出发，理解用户的需求，发现需求与产品设计中存在的问题。这种确认的过程主要通过各个评审来实现。在确认过程中，测试人员需要对产品是否能够实现用户的需求进行判断，以确保产品能够满足用户的真实需求。

与确认不同的是，验证只针对开发过程中的某个阶段。验证过程主要是保证在特定的开发阶段所开发的功能正确地输出，输出内容与规格说明一致。可以说，验证是检查产品是否正确地实现了规格说明、产品是否满足规格要求，而不是检查最终的产品是否满足用户期望的使用需求。

5.1.4　软件质量成本

质量成本（quality cost）是为了保证交付产品质量而进行质量活动的成本，通常分为预防成本、检测/评估成本、内部故障成本、外部故障成本。

1）预防成本：用来预防质量问题的成本，其中包括对开发人员进行软件开发过程、方法和工具的培训、开发过程标准的制定和推广、开发人员遵循流程标准，以及建立和维护软件重用库等活动的成本。

2）检测/评估成本：在软件开发过程中或开发结束之后，发现软件质量问题的成本，其中包括开发测试设计和完全覆盖业务需求的用例、性能检查和应用程序检查，以及建立各种测试环境、测试数据、测试、缺陷记录、缺陷跟踪、自动化检查等活动成本。

3）内部故障成本：在软件产品交付前内部检查期间修复缺陷产生的成本，其中包括返工、缺陷修复（defect repair）、重新测试、回归测试（regression testing）、延迟交付等活动成本。

4）外部故障成本：在软件产品交付后对产品支持及客户报告缺陷的成本，其中包括软件维护、技术支持、丢失客户、公司声誉受损等活动成本。

总的软件质量成本是这 4 类成本的之和，这 4 类质量成本之间会有重叠的情况发生，在计算软件质量成本时需要注意。

5.2　软件质量保证

5.2.1　软件质量保证的定义

质量保证（quality assurance）是为了使用户能够相信产品或服务满足质量要求，而在质量管理体系中实施并根据需要进行证实的全部有计划和有系统的活动。软件质量保证（software quality assurance，SQA）是通过对软件产品有计划地进行各种评审和审核，从而验证和确认生产出来的软件产品是否符合标准的系统工程。

软件质量保证的目的是使软件过程对于管理人员来说是可见的。它通过对软件产品和活动进行评审及审计来验证软件是符合标准的。软件质量保证组在项目开始时就一起参与建立计划、标准和过程。这些将使软件项目满足机构方针的要求。

软件质量保证贯穿于整个软件生命周期的各项活动，通过事前预防、及时发现缺陷等多种手段保证产品从一开始就避免缺陷的产生，同时对软件项目是否遵循制订的计划、标准和规范进行监控，及时向软件项目团队和管理层提供产品、过程质量信息及数据，提高项目的透明度，以获得高质量的软件产品。

5.2.2　软件质量保证活动

软件质量保证的主要作用是为管理者提供预定义的软件过程的保证。因此，软件质量保证需要保证实现：开发方法采用已选定的方法；软件开发流程遵循制定的标准和规范；在开发过程中，如果出现违背标准和规范的问题，则及时反映和处理；软件项目中的各项任务能够按时完成；能够对软件进行独立的审查。

软件质量保证活动包括以下几个方面。

1）制定目标：设定软件质量特性及子特性的评价标准。

2）制订计划：参与制定软件开发各个阶段、各个活动的质量评测检查项目和质量度量方法，包括软件开发计划、软件测试计划、软件审查计划的制订、评估、审查等活动。

3）落实：参与软件开发各个阶段活动的技术评审，并对软件产品各个阶段是否遵循相应的流程规范进行监督，对其中的各项活动进展、质量问题进行监督，并形成报告。

4）检查：按照计划阶段的质量度量标准对软件产品进行检查，确定产品是否合格。

5）行动：对各个活动中发现的问题进行改进。

软件质量保证活动流程如图 5.2 所示。

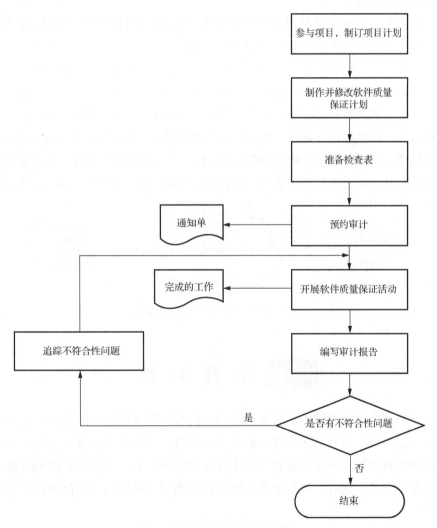

图 5.2　软件质量保证活动流程

软件质量保证与软件测试（software test）之间既有区别又存在一定的联系。区别在于：软件质量保证通过采取一系列的手段或方法对软件开发过程进行改进，尽可能地避免产生软件缺陷；而软件测试是在软件开发过程中尽可能地发现软件缺陷并确保缺陷得以修复，保证软件产品的健壮性。二者之间相互依赖、相互促进，共同提高软件产品的质量。

5.2.3　软件可靠性

现如今软件系统应用于各个领域，许多项目在开发过程中并没有对系统的可靠性提出具体的要求，许多软件开发人员为了更快地完成项目任务，忽视了软件可靠性（software reliability），在软件系统投入使用后发现了大量的可靠性问题，导致后续软件系统维护困难，甚至无法使用。

什么是软件可靠性？软件可靠性是指在规定的条件和规定的时间区间完成规定的功能的能力。规定的条件是指软件运行时操作系统的状态和软件输入的条件，也可以理解为软件运行时的外部输入条件；规定的时间区间是指软件实际运行的时间区间；规定的功能是指软件提供的服务，即软件所提供的功能。从软件可靠性的定义可以看出，软件可靠性不仅与软件自身是否存在缺陷相关，还与系统输入和系统使用相关。

在对软件可靠性进行分析时，通常利用故障模型对不同的故障表现进行抽象分析，故障级别越低，代表进行故障处理的代价也越低。常用的故障模型有基于逻辑级、基于数据结构级和基于系统级的故障模型。各种常见故障对系统的影响如图 5.3 所示。

图 5.3　各种常见故障对系统的影响

5.3　软 件 审 查

在软件的整个生命周期中，软件审查是一种有效的保证质量的方法，也是查找软件缺陷的一种手段，包括需求审查、软件需求审查、概要设计审查、代码审查等多种审查。软件审查能够及时发现软件系统中存在的缺陷，并将质量方面的风险及时反馈给开发者及管理者，同时，软件审查还能够促进项目团队成员之间保持良好且有效的沟通。

在软件生命周期的任何阶段都可能引入缺陷，缺陷发现或解决得越晚，修复的成本就越高。对于不同阶段修复一个缺陷的代价是不同的，如果在需求阶段修复一个缺陷的代价是 1，那么在设计阶段修复缺陷的代价是它的 3～6 倍，开发编程阶段修复缺陷的代价是它的 10 倍，测试阶段修复缺陷的代价是它的 20～40 倍，外部测试阶段修复缺陷的代价是它的 30～70 倍，一旦产品发布出去，修复缺陷的代价则是它的 40～1000 倍，修复缺陷的代价几乎是呈指数增长的。

常见的缺陷主要包括功能缺陷、系统缺陷、加工缺陷、数据缺陷及代码缺陷，产生这些缺陷的主要原因如下。

1）技术问题：算法错误、语法错误（syntax error）、技术和精度错误、系统结构不合理、算法不科学、接口参数传递不匹配。

2）团队工作：系统需求分析时对客户的需求理解不清楚，或者与用户沟通时存在障碍；不同开发人员相互理解不一致，设计或编程上存在一定的依赖性，相关人员并未进行充分沟通。

3）软件本身：文档错误、内容不正确、拼写错误；设计时未考虑大量用户的使用场景，导致软件系统出现负载问题；软件逻辑或数据范围的边界考虑不够周全，导致出现容量或边界错误等一系列软件设计和技术处理的问题。

通常情况下，测试人员发现并确认缺陷，在缺陷管理系统（defect management system）中创建一个新的缺陷，并派发给负责的开发经理，将缺陷状态设置为"新建"；开发经理查看缺陷，首先确认是否为一个缺陷，如果是一个缺陷，则将缺陷流转给开发人员，并将缺陷状态设置为"待解决"；如果不是一个缺陷，则直接将缺陷流转回测试人员，将缺陷状态设置为"拒绝"；开发人员收到缺陷后，查看并处理缺陷，解决后将缺陷流转回测试人员，并将缺陷状态设置为"已解决"；测试人员查看状态为"已解决"的缺陷，并测试缺陷是否已修复，如果缺陷仍存在，则将缺陷继续流转给开发人员，并将缺陷状态设置为"重新打开"，如果缺陷已被解决，则将缺陷状态设置为"已关闭"；测试人员查看状态为"拒绝"的缺陷，并对缺陷进行验证，如果确实不是一个缺陷，则将缺陷状态设置为"已关闭"，如果认为的确是一个缺陷，则修改缺陷描述，将缺陷再次流转至开发经理，将缺陷状态设置为"新建"。缺陷处理流程如图 5.4 所示。

软件审查的目的是确保软件最终的质量，对于不同公司、不同项目通常会有不同的软件审查制度，但软件审查步骤大致相同，主要分为以下几个阶段。

1）制订审查计划：审查计划通常由审查组长制订，审查组长根据审查内容选择审查员，确定每个审查员的岗位和职责，确定不同阶段的审查点，确定审查内容、范围及目标，分发审查材料，可以说审查计划对整个软件审查起到指导性的作用。

2）产品介绍：由被审查部分的负责人向审查员介绍产品内容，如果审查员已充分了解产品内容则可省去该步骤。

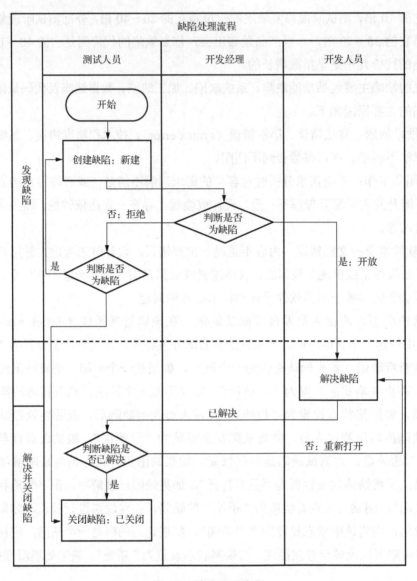

图 5.4　缺陷处理流程

3）审查准备：在审查会议之前，审查员根据审查计划中的审查内容、范围及目标进行审查，查找被审内容的缺陷，审查准备是否充分将直接决定审查结果。

4）审查会议（review conference）：审查员和被审内容负责人确认并汇总发现的缺陷，同时发现新的缺陷。审查会议仅对是否为缺陷进行讨论，而不提出解决建议，最终形成缺陷列表，这也是产品修正的依据，会议结束后审查员还须对此次审查会议给出决议。决议内容主要包括以下内容。

① 通过：修复产品缺陷后，可直接进入下一开发阶段。

② 重新审查：审查效果不理想，需要重新审查以发现更多的缺陷。

③ 返工：产品缺陷过多，无法通过审查，需要返工，直至审查结束。

5）修复及验证：审查内容负责人对缺陷列表中的缺陷进行修复，并由验证人员验证产品缺陷修改完毕，然后进入下一阶段的开发活动。

习　　题

1．什么是软件缺陷？
2．软件质量成本包括哪些内容？
3．软件质量保证活动包括哪些部分？
4．质量目标的确定需要考虑哪些因素？
5．简述软件审查流程。

第6章 测试技术

6.1 测试简介

什么是软件测试？对于软件测试的概念很多人不一定说得清楚。很多人将软件测试理解为"发现软件的缺陷"，那么软件测试是否只是找到软件中存在的缺陷呢？

通常情况下，软件测试工作是随着软件的产生进行的。在早期的软件开发过程中，由于软件规模小、复杂程度低，缺乏对软件项目的管理，整个开发流程随意、混乱，对大部分的开发人员而言，软件测试等同于软件调试，通常在软件开发结束后才进行软件测试，主要是为了修改软件中已知的缺陷，此项工作通常由开发人员自己完成。此时对软件测试的投入极少、测试介入阶段也很晚。直至20世纪80年代，软件和信息技术（information technology，IT）行业迅速发展，软件规模越来越大，复杂度越来越高，软件开发的方式逐步由混乱的开发过程发展为结构化的开发过程，此时软件质量的重要性日益凸显，一些软件测试的基础理论和实用技术逐步形成，并将结构化测试融入结构化的开发流程中，软件测试也由发现错误的过程发展为对软件质量保证。

IEEE对软件测试的定义是"使用人工或自动的手段来运行或测试某个软件系统的过程，其目的在于检验它是否满足规定的需求或弄清预期结果与实际结果之间的差别"。这个定义说明了软件测试是一系列的软件实际输出与预期输出之间比较的过程，通过软件测试确定软件的功能是否满足用户的需求，软件的稳定性、安全性、一致性是否达到了预期目标。同时也说明了软件测试不是一个一次性的、开发后期的活动，而是与整个开发流程融合为一体的。

其实到目前为止软件测试的概念也没有定论，目前软件测试的概念大多从软件测试的目的、作用等方面进行描述。但不同的人对软件测试的理解不同，就会采用不同的测试流程和测试方法。

6.1.1 测试的目的

软件测试主要是为了在软件投入生产之前，尽可能多地发现软件中的错误，将高质量的软件交付给用户。软件测试是保证软件质量的关键步骤，所有的测试工作都应追溯到用户需求。通常情况下，软件测试工作在模型设计阶段就已经开始了，软件设计模型完成后，将会制订测试计划；模型确定后，将会制定详细的测试方案。整个软件测试的工作量通常占软件开发总工作量的40%以上。

从用户需求、软件开发、软件测试的角度，测试目的可总结为以下几点。

1）从用户需求的角度来说，通过软件测试对软件质量进行度量和评估，检验软件是否符合客户需求，为客户选择、使用软件提供有力的依据。

2）从软件开发的角度来说，通过软件测试发现软件开发过程中存在的缺陷，包括对软件开发的流程、工具、技术等多方面存在的问题进行分析，并对软件的开发流程进行改进；同时通过对测试结果进行分析，为软件的可靠性提供依据。

3）从软件测试的角度来说，通过使用最少的人力、物力、时间发现软件中隐藏的缺陷，对软件质量进行全面的评估，保证软件质量，控制项目风险，预防下次缺陷的产生。

6.1.2 测试的分类

目前，软件测试已经是一个体系庞大、完整的学科，不同的测试领域有不同的测试方法、技术与名称。按照不同的划分标准，软件测试可分为不同的种类。

1. 按照测试阶段划分

按照测试阶段划分，软件测试可以分为单元测试、集成测试、系统测试和验收测试。这种划分方式与软件开发各阶段相契合，主要用于验证软件开发过程的各个阶段是否符合要求。

1）单元测试：单元测试是为了验证软件单元是否符合软件的需求和设计要求，包括对每个单元模块进行接口测试、错误处理测试、边界测试等，通常由软件开发人员完成。

2）集成测试：集成测试是指在完成单元测试后，将各个模块组装起来，对系统各个接口及集成后的功能进行验证，主要验证各个模块之间的接口是否正确，是否符合软件测试设计需求，包括验证模块之间数据的传输、功能的正确性、模块之间是否有冲突等测试内容。

3）系统测试：系统测试是指在完成集成测试后，将整个系统看作一个整体在实际环境中运行，并进行测试，包括对系统功能、界面、性能、可靠性、兼容性、安全性等内容的验证。

4）验收测试：验收测试是软件部署上线前的最后一个测试，主要验证软件是否已准备就绪，由验收人员按照项目合同、任务书、验收文档对软件进行测试，确保软件符合客户需求。

2. 按照测试技术划分

按照测试技术划分，软件测试可以分为黑盒测试（black-box testing）和白盒测试（white-box testing）。

1）黑盒测试：把整个程序看作一个只有输入输出的黑盒子，主要验证程序是否能够对输入数据产生预期的输出结果，不关心程序的内部结构。

2）白盒测试：在测试过程中需要测试人员了解软件程序的逻辑结构、路径及运行过程，明确了解程序的执行路径与执行过程。换而言之，白盒测试就是把软件当作一个透明的盒子，测试人员需要在充分了解程序结构的情况下进行测试。

与黑盒测试相比，白盒测试对测试人员的要求较高，需要测试人员具有一定的编程能力。在软件公司中，黑盒测试与白盒测试经常没有明确的界限，在进行一款软件产品的测试过程中，通常是黑盒测试与白盒测试相结合，进而完成对软件的全面测试。

3. 按照软件质量特性划分

按照软件质量特性划分，软件测试可以分为功能测试（functional testing）与性能测试（performance testing）。

1）功能测试：主要测试软件的功能是否满足用户需求，包括界面测试、业务逻辑测试、兼容性测试、易用性测试。

2）性能测试：主要测试软件的性能是否满足用户的需求，包括负载测试、压力测试、兼容性测试、可移植性测试等。

4. 按照自动化程度划分

按照自动化程度划分，软件测试可以分为手工测试（manual testing）与自动化测试（automated testing）。

1）手工测试：测试人员逐条完成测试工作，并验证测试结果。手工测试费时费力，且测试人员的精力有限，测试结果很容易受测试人员的状态影响。

2）自动化测试：测试人员通过编写自动化测试脚本、测试工具等完成整个测试工作。

5. 按照测试项划分

按照测试项划分，软件测试可以分为功能测试、性能测试、界面测试、安全性测试、文档测试等。其中，功能测试、性能测试已介绍过，下面只对界面测试（user interface testing）、安全性测试（security testing）、文档测试（document testing）进行介绍。

1）界面测试：对软件提供的交互界面进行测试，测试界面内容是否满足用户需求。

2）安全性测试：在软件受到内部或外部威胁的情况下，测试能否进行正确的处理，能否保证软件产品与数据的安全。

3）文档测试：在软件测试开发过程中，需要以需求说明文档、软件设计、用户手册等文档为主，验证文档与实际是否存在差别。

6. 其他测试

还有一些常用的测试方法，但是这些测试方法不会被分到任何一个类型中，如α测试、β测试、回归测试（regression testing）等。

1）α测试：是对软件最初的版本进行测试。这一版本通常不会对外公布，只会在软件公司内部由开发人员、测试人员或用户协助进行测试。在测试过程中，测试人员会记录发现的问题。

2）β测试：是在软件上线后进行的测试。此时软件已经上线，但可能会存在部分隐藏的缺陷，由真实用户在使用过程中发现这些错误和问题，并进行记录，然后由开发人员进行修复。

3）回归测试：在测试过程中，测试人员一旦发现缺陷，会将缺陷提交给开发人员。开发人员对程序进行修复，修复完成后，测试人员需要对程序重新进行测试，确认对原有的缺陷已经进行修复，并且没有产生新的缺陷，这个过程就是回归测试。回归测试是整个测试流程中非常重要的一部分，在测试过程中需要进行很多次的回归测试。

软件测试基本分类如图 6.1 所示。

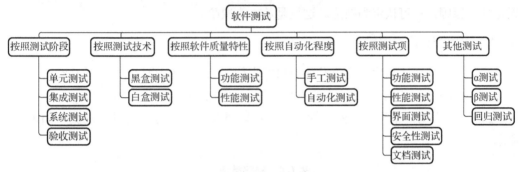

图 6.1　软件测试基本分类

6.2　软件缺陷管理

6.2.1　软件缺陷的概念

软件缺陷（software defect），又常被称为 bugs。软件缺陷即软件或程序中存在的某种影响软件正常运行的问题、错误，或者隐藏的功能问题。这些问题会导致产品无法满足用户的需求。《软件工程术语》（IEEE 729:1983）对软件缺陷进行了标准的定义：从产品内部看，软件缺陷是软件产品开发或维护过程中存在的错误、毛病等各种问题；从产品外部看，软件缺陷是系统需要实现的某种功能的失效或违背。

一般情况下，我们将符合以下几种场景之一的称为软件缺陷：①软件功能不满足产品需求说明书中标注的功能；②软件功能中出现了产品需求说明书中明确说明不会出现的功能；③软件功能超出了产品需求说明书中说明的范围；④软件功能未达到产品需求说明书中说明的目的；⑤软件难以上手、使用，或者运行速度慢，或者用户体验不好。

以共享单车扫码开锁为例。共享单车扫码开锁的产品需求说明书中规定：用户通过扫描二维码可以对共享单车进行开锁；如果用户扫描二维码后，共享单车无任何反应，则是第 1 类产品功能缺陷；如果开锁失败，则也是第 1 类产品功能缺陷。

产品需求说明书中还可能规定：共享单车控制模块不会死机或无反应。如果多次扫码或多人同时扫码，则会导致共享单车控制模块死机，这就是第2类缺陷。

如果在对开锁模块进行测试时，发现除了通过扫描二维码开锁，还可通过扫码将账号与单车绑定，这就是第 3 类缺陷——软件实现了产品需求说明书中未提及的功能。

在测试过程中发现，开锁模块会由于温度或环境因素而导致开锁功能受到影响，而产品需求说明书中假定开锁模块所在的温度一直是常温的，从而发现第4类缺陷。

如果在测试过程中，测试人员发现二维码过小，或者在光线昏暗的地方无法扫描等，无论什么原因，都可认定为缺陷。这就是第5类缺陷。

6.2.2 软件缺陷的属性

测试人员发现缺陷后需要对发现的缺陷进行记录，通常需要包含以下内容。

1）缺陷标识：用于标记缺陷的符号，每个缺陷都有一个唯一的标识。

2）缺陷类型：根据缺陷的属性划分的缺陷种类，通常可分为以下几类，如表 6.1 所示。

表 6.1 缺陷类型

序号	类型	说明
1	界面	界面错误，如界面显示不符合要求、提示信息不合理
2	功能	系统功能不健全、不符合需求
3	性能	系统响应时间过慢、无法承受预期负荷
4	安全性	存在安全隐患
5	数据	数据导入导出错误

3）缺陷严重程度：因缺陷引起的故障对软件产品的影响程度，如表 6.2 所示。

表 6.2 缺陷严重程度

序号	缺陷严重程度	说明
1	致命	导致系统无法正常工作或影响系统的重要功能，或者危及人身安全、系统安全
2	严重	严重影响系统的要求或主要功能的实现，并且无法更正
3	一般	影响系统要求或部分基本功能的实现，但是可通过一定的手段进行更正
4	提示	用户在使用过程中可能会遇到麻烦，但是不影响功能的正常执行
5	建议	部分不常用功能的易用性较差，或者部分 UI 交互不友好，但不影响功能的正常执行

4）缺陷优先级：缺陷必须被修复的优先程度，如表 6.3 所示。

表 6.3　缺陷优先级

序号	优先级	说明
1	紧急	严重阻碍测试进度，且无法通过其他方法绕开
2	高	严重阻碍测试进度，但可通过其他方法绕开
3	中	缺陷可排队等待修复
4	低	缺陷可在方便时进行修复

5）缺陷状态：用于记录对一个缺陷进行修复的进展情况，如表 6.4 所示。

表 6.4　缺陷状态

序号	优先级	说明
1	已提交	已提交缺陷
2	打开	确认待处理的缺陷
3	已拒绝	被拒绝处理的缺陷
4	已解决	已修复的缺陷
5	已关闭	确认已解决的缺陷
6	重新打开	修复验证不通过，被重新打开的缺陷

6）缺陷发现的阶段：缺陷引起故障或第一次被发现的阶段，分布于软件开发的各个阶段，包括需求阶段、架构阶段、设计阶段、编码阶段及测试阶段。

7）缺陷来源：引起缺陷的原因，通常包括需求问题、架构问题、设计问题、编码问题及测试问题。

6.2.3　软件缺陷的生命周期

在软件开发过程中，软件缺陷拥有自己的生命周期，通过软件缺陷的生命周期保证了过程的标准化，其中软件缺陷在生命周期的不同阶段会有不同的状态，如图 6.2 所示。

1）新建：缺陷在首次被提交时，它的状态为"新建"。

2）打开：在测试人员提交缺陷后，测试组长确认其为一个缺陷，并将缺陷状态修改为"打开"。

3）分配：缺陷状态一旦为"打开"，该缺陷会分配给相应的开发人员或开发组，此时缺陷状态被修改为"分配"。

4）拒绝：开发人员或开发组接收缺陷后不认为是一个缺陷，可将缺陷状态修改为"拒绝"。

5）延迟：当缺陷的优先级不高，且项目时间紧迫时，部分缺陷的状态会被设置为"延迟"，这些缺陷对软件功能不会造成太大影响，会在下一个版本得到修复。

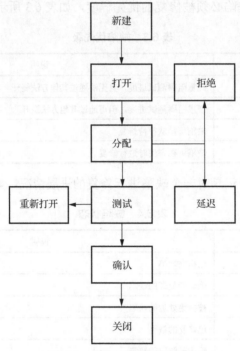

图 6.2   软件缺陷的生命周期

6）测试：当开发人员对缺陷修复完成后，会将缺陷状态修改为"测试"，表明缺陷已修复完成，等待测试人员进行验证。

7）确认：当测试人员对状态为"测试"的缺陷验证通过后，就会将缺陷状态修改为"确认"。

8）重新打开：该状态表明，被开发人员修复后缺陷仍然存在，此时测试人员会将缺陷状态修改为"重新打开"。

9）关闭：一旦缺陷被修复，测试人员会对其进行验证，如果确认验证不存在，则会将缺陷状态设置为"关闭"，这个状态表明缺陷已被修复，并通过了验证。

6.3   测试技术简介

6.3.1   测试覆盖率

测试覆盖率（test coverage）是衡量测试是否完整的指标，是衡量测试结果的标准。从广义上来划分，测试覆盖率主要分为项目层面的需求覆盖率（demand coverage）和技术层面的代码覆盖率（code coverage）。

1. 需求覆盖率

需求覆盖率是指测试对需求的覆盖程度，通常是对软件的每条需求进行分解，并设计测试用例，在每条需求与测试用例之间建立一对多的映射关系，保证测试能够覆盖每条需求，进而保证产品的质量。需求覆盖率属于传统瀑布模型下的软件工程实践，传统瀑布模型在流程上是自上而下的，是重量级的，与互联网时代下的敏捷开发不适应。因此，目前互联网项目很少使用需求覆盖率，而是将软件需求转换为测试需求，再基于测试需求设计测试用例。需求覆盖率的计算公式为

$$需求覆盖率=(被验证到的需求数量/总的需求数量)\times100\%$$

2. 代码覆盖率

代码覆盖率即代码的覆盖程度，也就是源程序中代码被测的比例，常用来衡量测试的完成情况，如要求代码覆盖率在80%以上。代码覆盖率通常又分为语句覆盖、判定覆盖、条件覆盖、判定/条件覆盖、条件组合覆盖。

目前很多项目会在单元测试和集成测试阶段统计代码覆盖率，通过代码覆盖率发现遗漏的测试用例，并及时进行补充，同时还能更高效地发现源代码中由需求变更造成的废弃代码。但代码覆盖率具有一定的局限性，如某一函数中只有一行代码，那么只要这个函数被调用过，该函数的代码覆盖率就是100%，但是不能确定该函数是否真正实现了功能，即代码覆盖率只能反映哪些代码被执行，哪些代码没有被执行，并补充测试用例，但是如果部分功能源代码中没有实现，那么代码覆盖率将无法反映这部分缺陷。总而言之，高的代码覆盖率不一定能保证软件的质量，但是低的代码覆盖率一定无法保证软件的质量。

代码覆盖率的计算公式为

$$代码覆盖率=(已执行测试的代码行/总的代码行)\times100\%$$

代码覆盖率有多种度量方式，常见的度量方式有以下几种。

（1）语句覆盖

语句覆盖（statement coverage）是指被测代码中的每条可执行语句是否被执行。C++语言中的头文件声明、注释、空行等都不属于可执行代码，因此，语句覆盖统计的是可执行语句在测试过程中被执行的行数。这种覆盖方式是代码覆盖中较弱的一种，它只考虑代码是否被执行，而不考虑代码的逻辑。

（2）判定覆盖

判定覆盖（decision coverage）又称分支覆盖，主要是度量在测试过程中是否覆盖了每个分支。

（3）条件覆盖

条件覆盖（condition coverage）需要度量每个表达式结果 true 和 false 是否被测试了。

（4）路径覆盖

路径覆盖（path coverage）主要度量函数的每个分支是否都被执行。

6.3.2 黑盒测试

黑盒测试也称功能测试，在测试过程中，把软件看作一个打不开的盒子，在不考虑

内部实现和内部结构的情况下，检查程序功能是否满足功能说明书中的要求，程序是否接受输入数据并产生正确的输出信息。简而言之，黑盒测试是在不考虑程序内部逻辑结构的情况下，对软件的界面和功能进行测试，其流程如图 6.3 所示。由此可见，黑盒测试主要从用户的角度出发，尽可能地发现程序的外部错误，在已知的软件产品功能的基础上对产品的功能、交互、性能等进行验证。

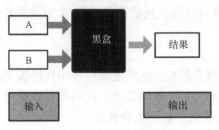

图 6.3　黑盒测试流程

黑盒测试在测试过程中仅依赖软件的功能说明书进行测试，而不关注内部是如何实现的，因此黑盒测试有以下两个特点：①黑盒测试的结果与软件的实现方法无关，因此软件内部的实现方法发生了变化，原有的黑盒测试的测试用例仍可使用，并且不会影响黑盒测试的结果；②黑盒测试的测试用例设计可以与软件开发并行完成，这样可以大大减少软件开发的时间。

但如果想要通过黑盒测试发现程序中的所有问题，只能采用穷举法，即对所有可能的输入都进行测试。这种测试方法是不可能实现的，那么为了更有效地进行黑盒测试，需要测试人员采用合适的黑盒测试方法。常见的黑盒测试方法包括等价类划分法（equivalence partitioning）、边界值分析法（boundary value analysis）、因果图法（cause and effect diagram）、错误推测法等。每种黑盒测试方法都有自己的优势，在测试过程中需要测试人员根据不同的场景选择合适的测试方法。

为了更有效地进行黑盒测试，下面对这几种常见的黑盒测试方法进行介绍。

1. 等价类划分法

等价类划分法是把所有可能的输入数据，根据输入条件划分成若干等价类，然后从每个等价类中选择部分具有代表性的数据作为输入数据进行测试，其中等价类是某个数据域的子集，在这个子集中，每条数据所能发现程序错误的能力是相同的。那么就可以假定，可以在一个等价类中选定少量的代表值来表示这个等价类中的所有数据对程序进行测试，并取得较好的测试结果。

根据输入数据是否是有效输入，等价类分为有效等价类（valid equivalence classes）和无效等价类（invalid equivalence classes）。

有效等价类是指对程序说明来说是合理的、有意义的输入数据集合，可以通过有效等价类来验证程序是否完成程序规格说明书中所规定的功能和性能。无效等价类是指对程序说明来说不合理、无意义的输入数据集合，可以通过无效等价类的输入来验证程序能否对无效的输入内容进行合理的处理。

在使用等价类划分法进行黑盒测试时，首先需要对输入数据划分出有效等价类和无效等价类，并建立等价类表，列出所有的等价类，进而设计出相关的测试用例，其中关键的就是等价类的划分方法。

1）如果规定了输入内容的取值范围或值的数量，那么可以确定一个有效等价类和两个无效等价类。

2）如果规定了输入内容的集合或值，那么可以确定一个有效等价类和两个无效等价类。

3）如果规定了输入内容为布尔值，那么可以确定一个有效等价类和一个无效等价类。

4）如果规定了程序对不同的输入内容（假定 N 个）有不同的处理方式，那么可以确定 N 个有效等价类、一个无效等价类。

5）如果规定了输入内容需要满足 N 个条件，那么可以确定一个有效等价类、N 个无效等价类（从不同的角度违反条件）。

6）如果已知对同一个等价类的不同数据有不同的处理方式，那么需要对已划分的等价类进一步进行划分。表 6.5 列举了几种不同的等价类划分示例。

表 6.5　等价类划分示例

输入条件	有效等价类	无效等价类
1≤x≤100	一个：1～100	两个：x<1，x>100
x∈{1,2,3,4}	一个：x∈{1,2,3,4}	一个：x∉{1,2,3,4}
bool x=true	一个：true	一个：false
x 为正整数	一个：x 是正整数	n 个：x 不是正数，x 不是整数
1≤x≤100 1<x<60：不及格 60≤x≤100：及格	两个有效等价类（由 1～100 等价类拆分成两个有效等价类）：1～60，60～100	一个：x 不在认可分数范围内

2. 边界值分析法

大量软件错误发生在输入或输出的边界，针对边界情况设计测试用例更容易发现软件中的错误。边界值分析法就是一种针对软件输入输出边界设计的测试方法，是一种基本的黑盒测试方法，是对等价类划分法的补充。

在使用边界值分析法设计测试用例时，首先需要确定边界值，如果输入条件规定了输入数据的范围，那么选取等于、略小于、略大于边界的值作为测试数据，而不是从等价类中任意选取数值作为测试数据，如程序规定输入数据为大于等于 1、小于等于 10 的整数，那么应选取 1、10、0、2、9、11 等作为测试数据；如果输入条件规定了输入值的个数，那么可以选取输入最小值、最大值、略小于最小值、略大于最大值作为测试数据，如程序规定一次性最多上传 10 个文件，最少上传 1 个文件，那么测试时可选取 0、11 等；通过分析程序规格说明书，如果有其他的边界条件，也可在边界值上设计测试用例，同理，输出数据也可以用确定边界值的方式来设计相应的测试用例，使输出值在输出范围的边界。

3. 因果图法

对于程序通常有多种情况的输入，等价类划分法与边界值分析法主要根据不同的输入条件进行测试，因果图法是通过图形对输入条件进行组合，每种组合即为"因"，输出结果即为"果"。

因果图法通过因果图表示输入条件、输出条件之间的逻辑关系，图左边的节点表示输入状态，用 $c_i(i=1,2,\cdots,n)$ 表示原因；右边的节点表示输出状态，用 $e_i(i=1,2,\cdots,n)$ 表示结果。因果图基本符号如图 6.4 所示。

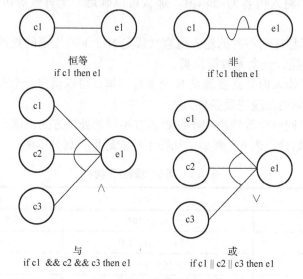

图 6.4　因果图基本符号

除此之外，输入条件与输出条件之间存在一定的约束关系，如图 6.5 所示。

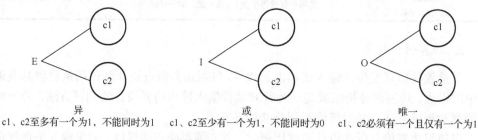

图 6.5　因果图约束符号

图 6.5 中异、或、唯一、要求为输入条件的约束，强制为输出条件的约束。

因此，利用因果图生成测试用例的步骤如下。

1）分析软件规格说明书，确定哪些是原因、哪些是结果。

2）根据软件规格说明书，分析原因与原因、原因与结果、结果与结果之间的关系。

3）画出因果图并转换为判定表。

4）根据判定表转换为测试用例。

例如，软件规格说明书要求：输入的第一个字符必须为 0 或 1，第二个字符必须为字母，输入正确后可对文件进行修改。如果第一个字符不正确，则给出提示信息"请输入正确的数字！"，如果第二个字符不是字母，则给出提示信息"请输入正确的字符！"。

根据软件规格说明书可分析出原因及结果包括：

c1：第一个字符为 0；

c2：第一个字符为 1；

c3：第二个字符为字母；

e1：给出提示信息"请输入正确的数字！"；

e2：给出提示信息"请输入正确的字符！"；

e3：可以对文件进行修改。

根据原因及结果画出因果图，如图 6.6 所示，并将因果图转换为决策表（decision tables），如表 6.6 所示。

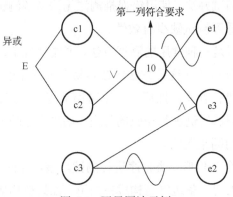

图 6.6 因果图法示例

表 6.6 因果图法示例的决策表

	0	1	2	3	4	5	6	7
c1	0	0	0	0	1	1	1	1
c2	0	0	1	1	0	0	1	1
c3	0	1	0	1	0	1	0	1

续表

	0	1	2	3	4	5	6	7
e1	√①	√						
e2			√		√			
e3				√		√		
不可能							√	√
测试用例	2*②	2a	1*	1a	0*	0a		

①满足条件。②输入测试符号。

因果图法虽然能够描述输入条件及输出条件之间的关系，但是绘制因果图比较麻烦，如果能直接给出决策表，则可直接根据决策表写出测试用例。

4. 错误推测法

错误推测法是指测试人员根据测试经验和直觉推测出程序中可能存在的各种情况，并设计出测试用例的方法。错误推测法主要是指在测试过程中如果发现了某个缺陷，则代表可能隐藏着更多的缺陷，因此，在实际测试的过程中，测试人员应根据经验列出可能出现错误或容易出现错误的地方。

在测试过程中使用错误推测法能够充分发挥测试人员的直觉和经验，更好地组织测试人员进行错误推测，是一种快速测试的有效方法。但错误推测法并不是一个系统的测试方法，只能是辅助的测试办法，使用错误推测法无法了解测试的覆盖率，可能存在大量未覆盖的测试用例，导致测试缺少有效性。

总的来说，黑盒测试是一种常用的测试方法。通常情况下，可以根据软件需求规格说明书，先采用边界值分析法（这种方法比较容易发现程序中的错误），再通过等价类划分法对边界值分析法进行补充，然后，利用错误推测法对测试用例进行补充。此时，可根据程序的逻辑，对测试用例进行相应的补充，如果程序输入条件有组合，则可以在开始设计测试用例时使用因果图法。

【例 6-1】 假定对一个三角形分类程序进行测试。该程序的主要功能如下。

程序功能：判断输入的三条边能否构成三角形，如果能构成三角形，则输出构成的是等边三角形、等腰三角形还是任意三角形。

输入：三个整数，代表三角形三条边的长度。

输出：无法构成三角形或等边三角形或等腰三角形或任意三角形。

根据程序功能的描述，可以设计相应的黑盒测试用例。首先，可以通过等价类划分法对输入划分等价类，然后通过边界值分析法和错误推测法对用例进行补充。用黑盒测试对程序的输入进行分析，如表 6.7 所示。

表 6.7　黑盒测试法输入示例

等价类划分法			
有效等价类		无效等价类	
输入三个正整数:		三个数都是 0	(9)
三个相同数量	(1)	三个数包含负数	(10)
三个数中的两个是相等的: 　A 和 B 相等 (2) 　B 和 C 相等 (3) 　A 和 C 相等 (4)		输入数据少于三个	(11)
三个数都不相等	(5)	输入的数据并不都是整数	(12)
两者之和不能大于第三个数 　最大的数是 A (6) 　最大的数是 B (7) 　最大的数是 C (8)		输入数据包含非数字字符	(13)
边界值分析		两个数的和等于第三个数	(14)
错误推测法		输入三个零	(15)
		输入三个负数	(16)

对程序的输入设计测试用例，如表 6.8 所示。

表 6.8　三角形程序的测试用例

序号	内容	测试数据			期望结果
		A	B	C	
1	等边三角形	5, 5, 5			等边三角形
2	等腰三角形	4, 4, 5	5, 4, 4	4, 5, 4	等腰三角形
3	任意三角形	3, 4, 5			任意三角形
4	不是三角形	9, 4, 4	4, 9, 4	4, 4, 9	不是一个三角形
5	退化三角形	8, 4, 4	4, 8, 4	4, 4, 8	
6	其中一个数为 0	0, 1, 2	1, 0, 2	1, 2, 0	
7	三个数都是零	0, 0, 0			
8	负数	-3, 4, 5	3, -4, 5	3, 4, -5	操作错误
9	三个数都是负数	-3, -4, -5			
10	数据缺失	1, 2			
11	非整数数据	3.1, 4, 5			
12	不是数字字符	a, 3, 4			类型错误

在三角形类型判断程序的测试用例中，首先使用等价类划分法，然后使用边界值分析法进行补充。但也不是所有程序均是如此，在其他程序的测试用例中，先采用边界值分析法效果可能会更好。

6.3.3　白盒测试

白盒测试也称结构测试，与黑盒测试不同，它是基于程序内部结构进行的测试，而不是对软件的功能进行测试。白盒测试是把被测软件看成一个透明的盒子，测试人员通过程序内部的逻辑结构及相关信息设计测试用例，对程序的所有内部逻辑进行测试的方法。程序内部每条路径至少被执行一次，并且会执行程序内部的循环体，验证内部数据结构的有效性。在白盒测试的流程中，必须遵循以下规则：①每个模块中的所有独立路径都须在测试过程中至少被执行一次；②所有逻辑值（真/假）的情况都需要被测试到；③为了保证程序结构的有效性，需要对程序内部结果进行检查；④对程序的上下界、可操作范围都能够保证循环正确运行。

在对测试目标进行白盒测试的过程中，经常由于循环、路径较多，导致无法完全覆盖，因此在白盒测试中，通常包括以下几种测试方法。

1. 语句覆盖

语句覆盖（statement coverage）也称行覆盖，是常见的覆盖方式。语句覆盖是指程序中每条语句都最少被执行一次。语句覆盖不必执行程序内部分支判断的情况，对程序内部逻辑的覆盖率低，是所有覆盖方式中最弱的覆盖方式。

通过对以下程序段进行测试，介绍语句覆盖方法的执行，程序的伪代码如下所示：

```
IF x≠0 and y==0    //条件1
    z=z/x
IF x>=1 or z==1    //条件2
    z=z+1
```

在上述代码中，and 表示逻辑运算&&，or 表示逻辑运算||。第 1、2 行代码表示，如果 x≠0 成立，并且 y==0 成立，那么执行语句 z=z/x；第 3、4 行表示，如果 x>=1 成立或 z==1 成立，则执行语句 z=z+1。图 6.7 为对应的程序流程图。

在图 6.7 中，a、b、c、d、e 表示程序执行的分支。在语句覆盖测试过程中，每条语句至少被执行一次，因此可根据流程图中标明的语句执行路径设计测试用例。那么可设计测试用例，满足语句覆盖。

测试用例 1：x=2，y=0，z=2。

通过执行上述测试用例，程序运行路径为 a—b—d。可以看出 a—b—d 这条路径可以覆盖程序中的每条语句，但是程序中多分支的逻辑是否正确是无法判断的。例如，如果上述程序中的逻辑判断符号 "and" 写成了 "or"，通过上述测试用例同样可以覆盖 a—b—d 路径上的全部执行语句，但无法发现程序中的错误。

因此，语句覆盖无须考虑每个条件表达式，可以直观地根据源程序中语句是否被执行进行验证。但在程序设计时，语句之间存在许多内部逻辑，仅通过语句覆盖不能发现其中的内部缺陷，因此仅通过语句覆盖无法满足白盒测试的要求。

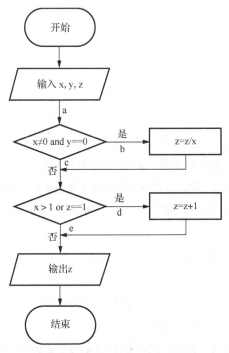

图 6.7 白盒测试示例程序流程图

2. 判定覆盖

判定覆盖（decision coverage）是指程序中每个判定至少有一次为真值，一次为假值，使程序中的每个分支至少被执行一次。满足判定覆盖的用例一定满足语句覆盖。

以图 6.7 所示的程序流程图表示的程序为例，可设计两个测试用例，满足判定覆盖。

测试用例 1：x=-1，y=0，z=1，判定（x≠0 and y==0）为真，（x>=1 or z==1）为真。

测试用例 2：x=-1，y=1，z=0，判定（x≠0 and y==0）为假，（x>=1 or z==1）为假。

测试用例 1 与测试用例 2 分别覆盖了路径 a—b—d、a—c—e，使每个判定语句的取值都满足了一次"真"、一次"假"。与语句覆盖相比，判定覆盖的覆盖范围更广，但是判定覆盖并未对程序内部的取值情况进行判定，如果仅采用判定覆盖，必定会遗漏部分测试路径，因此判定覆盖也属于弱覆盖。

3. 条件覆盖

条件覆盖（condition coverage）是指通过设计足够多的测试用例，使每个判定条件中各种可能的取值都至少取一次。条件覆盖弥补了判定覆盖只对判定结果进行判定的缺陷，但是满足条件覆盖不一定满足判定覆盖，也不一定满足语句覆盖。

以图 6.7 所示的程序流程图表示的程序为例，可设计两个测试用例，满足条件覆盖。

测试用例 1：x=0，y=0，z=1，判定 x≠0 为假，y==0 为真，x>=1 为假，z==1 为真。

测试用例 2：x=1，y=1，z=2，判定 x≠0 为真，y==0 为假，x>=1 为真，z==1 为假。

以上两个测试用例满足条件覆盖，但是并未覆盖（x≠0 and y==0）为真，不满足判定覆盖；未覆盖语句（z=z/x），不满足语句覆盖。

4. 判定/条件覆盖

判定/条件覆盖（decision / condition coverage）通过设计足够多的测试用例，使程序中的每个判定至少有一次为真值、一次为假值，同时程序中每个分支至少被执行一次，并且每个判定条件中各种可能的取值都至少取一次。例如，对于判定 IF x ≠ 0 and y == 0，该判定语句有 x≠0 与 y==0 两个条件，则在设计测试用例时，需要保证 x≠0 与 y==0 两个条件取真、假值至少一次，同时判定语句 IF x ≠ 0 and y == 0 取真、假值也至少一次。这就是判定/条件覆盖，它结合了判定覆盖和条件覆盖的特点，弥补了判定覆盖和条件覆盖的不足。

根据判定/条件覆盖原则，以图 6.7 所示的程序流程图为例设计判定/条件覆盖测试用例，可设计两个测试用例，满足条件/判定覆盖。

测试用例 1：x=1，y=0，z=1，判定条件（x≠0 and y==0），（x>=1 or z==1）为真，其中 x≠0，y==0，x>=1，z==1 均为真。

测试用例 2：x=0，y=1，z=2，判定条件（x≠0 and y==0），（x>=1 or z==1）为假，其中 x≠0，y==0，x>=1，z==1 均为假。

但判定/条件覆盖并没有考虑判定语句与条件判断的组合情况，覆盖范围没有条件覆盖更全面，因此判定/条件覆盖仍存在遗漏测试的情况。

5. 条件组合覆盖

条件组合覆盖（conditional combination coverage）通过设计足够多的测试用例，使程序中每个判定中的组合都至少被执行一次。条件组合覆盖与判定/条件覆盖的区别在于，条件组合覆盖并不是简单地要求每个条件都出现"真""假"两种结果，而是要求这些结果的所有可能组合都至少出现一次。

以图 6.7 所示的程序流程图表示的程序为例可设计四个测试用例，满足条件组合覆盖。

测试用例 1：x=1，y=0，z=1；判定条件（x≠0 and y==0），（x>=1 or z==1）均为真，其中 x≠0 为真，y==0 为真，x>=1 为真，z==1 为真。

测试用例 2：x=1，y=1，z=0；判定条件（x≠0 and y==0）为假，（x>=1 or z==1）为真，其中 x≠0 为真，y==0 为假，x>=1 为真，z==1 为假。

测试用例 3：x=0，y=0，z=1；判定条件（x≠0 and y==0）为假，（x>=1 or z==1）为真，其中 x≠0 为假，y==0 为真，x>=1 为假，z==1 为真。

测试用例 4：x=0，y=1，z=0；判定条件（x≠0 and y==0），（x>=1 or z==1）均为假，其中 x≠0 为假，y==0 为假，x>=1 为假，z==1 为假。

下面对白盒测试的各种测试方法进行对比，如表 6.9 所示。

表 6.9　白盒测试的各种测试方法的比较

发现错误的能力	弱↓强	语句覆盖	每条语句至少被执行一次
		判定覆盖	每个决策的每个分支至少被执行一次
		条件覆盖	每个决策中的每项条件，应分别按"真""假"被执行至少一次
		判定/条件覆盖	同时满足判定覆盖和条件覆盖的要求
		条件组合覆盖	找出决策中所有条件的各种可能组合，并对每个条件的可能组合至少执行一次

【例 6-2】以三角形问题为例，要求输入三个整数 a、b、c，作为三角形的三条边，并判断由这三条边组成的三角形，是一般三角形、等腰三角形、等边三角形，还是无法构成三角形。

根据三角形三条边的关系，可以编写如下伪代码。

```
INT a,b,c
IF ((a+b>c) && (a+c>b) && (b+c>a))
    IF ((a==b) && (b==c))
        Equilateral triangle
    ELSE IF ((a==b) || (a==c) || (b==c))
        Isosceles triangle
    ELSE
        General triangle
ELSE
    Not a triangle
END
```

上述代码的流程图如图 6.8 所示，其中用数字表示程序执行时经过的路径，当输入不同的数据时，程序根据条件判断沿着不同的路径执行。

如果使用判定覆盖，则需要使程序中每个判定语句至少一次为真、至少一次为假，根据图 6.8，可设计以下四个测试用例。

测试用例 1：a=6，b=6，c=6；经过路径 1—2—3—11—12，预期结果为"等边三角形"。

测试用例 2：a=6，b=6，c=8；经过路径 1—2—4—5—6—12，预期结果为"等腰三角形"。

测试用例 3：a=3，b=4，c=5；经过路径 1—2—4—7—8—12，预期结果为"一般三角形"。

测试用例 4：a=3，b=3，c=6；经过路径 1—9—10—12，预期结果为"不是三角形"。

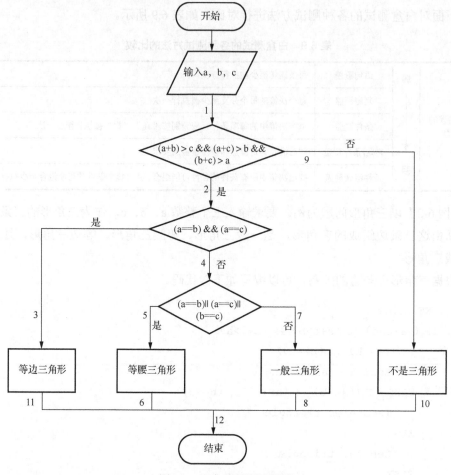

图 6.8　三角形问题流程图

6.3.4　黑盒测试与白盒测试的比较

黑盒测试与白盒测试的主要区别包括以下几个方面。

1. 对产品的认识

1）黑盒测试：测试人员需要熟悉产品的功能需求、设计说明，通过对软件产品的功能检验，来验证产品的功能是否都已实现，是否满足产品说明书上的功能要求。

2）白盒测试：测试人员需要熟悉程序的内部结构，通过对程序内部结构的验证判断程序是否符合要求，是否存在缺陷。

2. 测试的内容

1）黑盒测试主要检查的内容有以下几个。

① 功能是否满足要求，是否有缺陷或遗漏。

② 接口能否正确地输入输出。

③ 是否有初始化或终止性错误。

④ 是否有信息访问错误的情况。

2）白盒测试的主要内容有以下几个。

① 所有模块的独立路径均需要测试。

② 所有逻辑判定（真/假）的可能均需要测试。

③ 在界限内和循环边界上执行循环体。

④ 测试程序内部的数据结构是否正确。

3. 静态测试（static testing）内容

1）黑盒测试：产品需求文档、用户文档、说明文档等。

2）白盒测试：走查、复审、评审程序源代码、设计文档、软件配置等。

4. 动态测试（dynamic testing）内容

1）黑盒测试：通过输入不同的内容检验程序是否正确。

2）白盒测试：通过驱动来调用程序。

习　　题

1. 简述测试的目的。
2. 什么是软件缺陷？
3. 什么是黑盒测试？什么是白盒测试？
4. 等价类划分的方法有几种？请分别进行说明。
5. 白盒测试有几种方法？这些测试方法各有什么特点？

第7章 测试策略

7.1 测试策略简介

我们经常会用一系列的方法和手段解决生活中的问题,在测试过程中也经常会通过一些测试策略(test strategy)来更好地完成测试,包括测试过程中使用的一些方法和工具、测试的评价标准及对测试过程中需要的资源、制订测试计划等。在制定测试策略的过程中,需要关注测试任务要采用哪些测试方法实现测试的目标,通过哪些测试标准来对测试结果进行评估。

需要注意的是,测试策略与测试方式是不同的,测试方法有很多,如等价类划分法、边界值分析法、语句覆盖法、条件覆盖法等,但如何合理地将这些测试方法应用到测试过程中,就需要制定测试策略,即对不同的测试时间、测试阶段、测试目标,可以用到哪些测试方法或测试工具,如何更合理地完成测试任务。例如,在一个软件项目测试初期,对项目代码进行代码审查,在系统测试阶段采用场景法,在功能测试阶段通过黑盒测试设计测试用例,在单元测试、集成测试时通过白盒测试方法设计测试用例,在进行性能测试时,选用合适的性能测试工具配合完成测试,这就是测试策略。

测试策略就是根据项目需求,选择合适的测试方法,通过合理的组合完成测试任务。制定一个好的测试策略能够更有效地保证测试任务顺利进行。测试策略由测试描述、测试方法描述两部分组成。测试描述包括测试任务的目标、采用的方法、测试的手段、测试完成的标准、其他注意事项;测试方法描述需要说明在不同的测试阶段(单元测试、集成测试等)具体如何进行测试。

按照软件工程的划分,软件测试可分为三个层次,如图 7.1 所示。

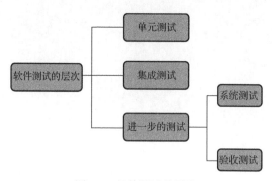

图 7.1　软件测试的层次

各个层次之间的信息流程如图 7.2 所示。

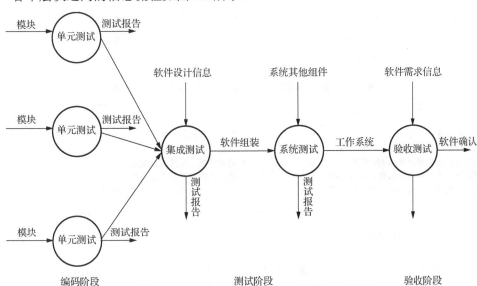

图 7.2 各个层次之间的信息流程

7.2 单元测试

7.2.1 单元测试概述

单元测试也称模块测试，是在软件测试过程中对最小的可测试单元进行检查和验证，其中最小的可测试单元通常指一个函数或一个类，也就是说单元测试其实是一种针对代码的测试。通常情况下，由开发人员在编码近端进行单元测试，而不是由测试工程师进行单元测试，只有通过了单元测试，开发人员才能将代码提交、部署。换而言之，开发人员的工作不仅有编码，还有测试。

据估计，单元测试发现的错误约占程序总错误的 2/3。因此，通过单元测试能够尽可能早地发现代码中的缺陷，使代码达到模块说明书的需求，大幅降低修复成本，减少测试的复杂度，易于确定错误的位置；并且在单元测试的过程中，可以对多个单元并行测试，缩短测试周期。但在很多项目开发过程中，开发人员并没有进行单元测试，主要原因是很多项目特别强调开发进度，进行单元测试需要开发人员花费大量的时间编写大量的单元测试代码。为缩短项目周期而省略单元测试，可能会造成项目质量低下、后期产品维护代价高，这其实是得不偿失的。对于一个好的软件项目管理来说，单元测试是必不可少的一部分。

单元测试是整个测试过程中粒度最细的测试，主要对函数、类、方法进行测试。不论采用哪种语言编写的代码，函数、方法中都会有条件分支、循环判断等基本的逻辑控制，每次的条件判定、循环判断都是在对数据进行划分，如果对数据划分错误，则代码逻辑有缺陷；如果部分数据被划分遗漏，也会造成逻辑缺陷；如果划分正确，且分类没有遗漏，但进行数据处理的代码错误也会产生缺陷。单元测试的测试用例就是在明确代码功能的前提下，验证给定明确的输入，实际输出结果与预期的输出是否一致。单元测试用例中包含的输入数据与输出结果可参考表 7.1。

表 7.1　单元测试用例中包含的输入数据与输出结果

输入数据	输出数据
被测函数的输入参数；	被测函数的返回值；
被测的函数在内部读取全局静态变量；	被测函数的输出参数；
成员变量是由被测函数内部读取的；	被测函数重写的成员变量；
被测函数在内部调用子函数以获得数据；	被测函数覆盖的全局变量；
对被测函数的子函数数据进行内部修改	被测功能重写的文件/数据库和其他中间件数据
……	……

7.2.2　单元测试流程

单元测试整体流程与软件测试流程相似。首先在详细设计阶段制订单元测试计划；然后搭建单元测试环境，进行测试的设计和开发，再次执行测试用例，在测试过程中记录测试结果，根据测试结果判定测试用例是否通过；最后完成单元测试报告。

但在具体测试过程中，单元测试的实施步骤可分为编译（compilation）、静态分析器检查（static analyser checking）、代码评审（code review）、动态测试（dynamic testing）四个步骤。从测试的角度来说，前三个步骤均是对代码的静态分析，不依靠执行被测程序来发现代码中的错误。其中，编译是检查代码的语法错误；静态分析器检查是通过专用工具进行分析；代码评审主要依靠人工完成；动态测试是最后的步骤，重点目的是发现单元的功能性错误，这一步骤可根据代码的实际情况选择采用白盒测试或黑盒测试来完成。

单元测试一般是在编码阶段完成的，因此可以由编码人员完成，因为编码人员对各个单元的功能、结构最为熟悉，可以设计出更为合理的测试用例；也可以由单元的设计人员来完成，因为单元的设计人员对单元功能也比较熟悉，又可避免编码人员试图隐藏程序缺陷的心理。

在进行单元测试的过程中需要编写驱动代码（driver code）、桩代码（stub code）和Mock 代码。其中，驱动代码是指调用被测函数的代码，主要用于调用被测函数，桩代码和 Mock 代码则是代替真实被调用的代码，它们之间的关系如图 7.3 所示。

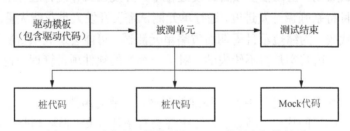

图 7.3　驱动代码、桩代码和 Mock 代码之间的关系

在单元测试过程中，驱动模块通常包括被测函数的数据准备、调用被测函数及返回结果验证三个部分。

在实际项目中经常会遇到多个函数之间调用的情况，如函数 A 调用函数 B，函数 B 又调用函数 C，如果要对函数 A 进行单元测试，并不需要在函数 B 与函数 C 均已实现的情况下进行，这是单元测试的另一个特点：被测部分是独立的。结合上面的例子，如果在测试函数 A 的过程中依赖函数 B 与函数 C 的实现，那么在发现实际返回结果与预期结果不符时，无法判断是由于函数 A 内部逻辑错误导致的问题还是函数 B 或函数 C 内部逻辑导致的问题。此时，需要编写一个模拟函数 b 和模拟函数 c，来完成对函数 A 的测试，其中模拟函数 b 和模拟函数 c 被叫作桩代码，即用来代替真实代码的临时代码。如表 7.2 所示，被测函数为 funA，桩代码为 funB，通过控制测试用例 ID 来实现对被测函数 A 中 if-else 条件语句的覆盖，也就是当测试 ID 为 1 时，桩代码返回 true，测试 ID 为 2 时，桩代码返回 false。

表7.2　单元测试示例代码

```
void funA () {                          boolean funB () {
    boolean funB_value = funB ();           if (caseID == 1) {
    if (funB_value == true) {                   return true;
        do Operation1;                      }else if (caseID == 2) {
    }else{                                      return false;
        do Operation2;                      }
    }                                   }
}
```

在测试过程中通过桩代码能够使被测代码独立编译、链接并运行，实现隔离和补齐的作用，同时通过桩代码还能对被测函数的执行路径进行控制。在编写桩代码时需要注意，桩代码需要与原函数的输入、输出形式一致，只有内部实现不同；如果仅是为了让被测函数能够通过编译链接，桩代码仅需要包含原函数的声明即可，无须内部实现；在测试过程中也可以通过调整桩代码来实现测试用例的需求，实现被测函数的内部输入。

Mock 代码是模拟外部真实的代码，但与桩代码控制被测函数路径不同的是，Mock 代码的主要功能是对期待结果的验证。在单元测试中，用户主要关注 Mock 代码是否被调用、被调用的次数及 Mock 代码的调用顺序。例如，被测函数需要按照顺序发送短信或邮件，在测试过程中用户并不希望真实地发送短信或邮件，那么就可以创建 Mock 代码，用来记录是否调用、调用顺序及调用次数。

$$7.3 \quad 集\ 成\ 测\ 试$$

7.3.1 集成测试概述

在实际软件开发过程中，经常会将整个开发任务拆分成若干模块，通过单元测试，已经完成对各个模块的测试，但不同的模块由不同的开发人员负责，不同开发人员的实现逻辑均有所不同，在不同的模块进行组合时经常由于实现逻辑不同而导致系统功能无法实现；同时，在单个模块中，允许存在误差，但是组装后累积的误差可能会达到让人无法容忍的地步。因此，需要对不同模块之间、模块与第三方应用程序设计接口（application programming interface，API）交互的逻辑进行验证，保证模块之间的数据交互正确，返回值符合预期。由此可见，将各模块组合进行测试是必不可少的，并且占有重要的地位，通常将这种测试称为集成测试。

集成测试主要是将已经通过单元测试的各个模块组合成新的测试单元或子系统，测试软件单元的组合及子系统的功能是否符合预期，然后测试将所有模块组合在一起是否符合预期，发现各个接口之间是否存在问题，确保组装后是完整的具有良好一致性的程序。在测试过程中任何与软件设计不相符的问题，都需要进行记录并修改。

需要注意的是，在集成测试之前需要完成单元测试，保证各模块自身没有缺陷，否则集成测试将会受到很大的影响，导致软件缺陷修复的成本大幅提高。同时，单元测试和集成测试的关注范围有所不同，单元测试关注的是各个模块内部功能实现是否符合预期，集成测试关注的是各个模块之间的交互是否存在问题，二者不能互相替代。

因此，集成测试的主要任务包括以下几个。

1）制定集成测试的实施策略。根据程序的结构，选择自顶向下或自底向上或二者混合的测试方法。

2）确定集成测试的实施步骤，设计测试用例。

3）执行测试，即在已通过的单元测试的基础上，依次添加模块。每增加一个模块，除了需要对新增加的模块进行测试，还需要对已经测试的模块进行测试。

7.3.2 集成测试方法

集成测试通过以下两种方法对各模块进行组装。

1. 非渐增式测试方法

非渐增式测试方法（non-incremental testing method）是指将所有模块直接组装成一个整体，然后对集成后的系统进行验证，如图7.4所示。

非渐增式测试方法在测试过程中如果检测到任何问题，都会耗费大量的时间进行问题的排查，并且采用这种方法进行的集成测试只有所有模块开发测试都完成后才能进行测试，导致测试的时间较少。但非渐增式测试方法对于小型系统来说是一种较好的测试方法，能够有效地进行集成测试。

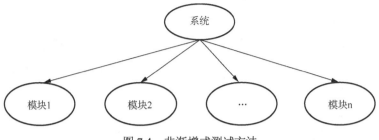

图 7.4　非渐增式测试方法

2. 渐增式测试方法

渐增式测试方法（incremental testing method）是指把已经测试好的模块与将要测试的模块结合进行测试，测试完成后再与下一个要测试的模块结合进行测试，每次增加一个模块。渐增式测试方法更容易定位和改正错误。

渐增式测试方法按照模块结合的次序不同可分为自顶向下集成和自底向上集成两种方式，下面将依次进行介绍。

（1）自顶向下集成

自顶向下集成是指从整个项目的最顶层模块开始，逐渐向较低的模块集成。顶层模块通过单元测试后逐渐向下层模块集成，直到所有的模块都完成集成测试。如图 7.5 所示，测试从模块 M1 开始与下层模块 M2 和 M3 依次集成。

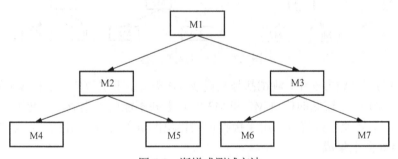

图 7.5　渐增式测试方法

自顶向下集成可采用深度优先和宽度优先两种集成方法。深度优先是指先把软件结构的一条通路上的所有模块组装在一起，如图 7.6 所示，模块 M1 测试完成后，与模块 M2 结合进行测试，测试完成后再与模块 M4 结合进行测试，然后再与模块 M5 结合进行测试，模块 M2 整条通路模块组装测试完成后再与模块 M3 所在通路结合进行测试，重复上述过程，直至所有通路上的模块均结合完成测试。宽度优先是指沿着软件结构水平的移动，把同一控制层上的所有模块组装起来，如图 7.7 所示，模块 M1 测试完成后，与模块 M2 结合进行测试，测试完成后与模块 M3 结合进行测试，此时 M2、M3 所在层所有模块均已结合并完成测试，此时再与下一层模块结合进行测试，即与模块 M4 结合进行测试，测试完成后再与模块 M5 结合进行测试，重复上述过程，直至所有模块均结合完成测试。

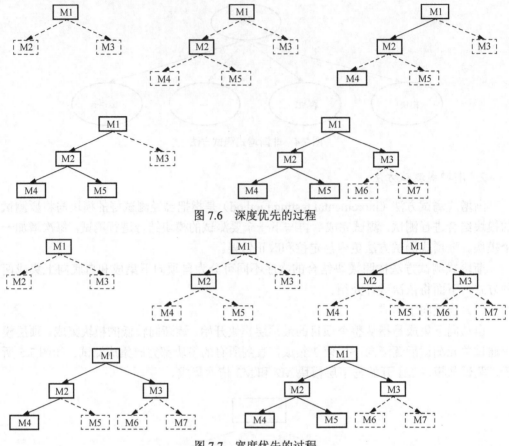

图 7.6   深度优先的过程

图 7.7   宽度优先的过程

在自顶向下集成方法中，测试都是从模块 M1 开始，下层模块 M2 和 M3 依次集成，在测试模块 M1 时，较低的模块 M2 和 M3 实际上并不能用于集成，因此为了完成模块 M1 的测试，需要使用桩代码，用于接收顶层模块的输入/请求，并返回结果/响应。

（2）自底向上集成

自底向上集成是指从应用程序的最底层模块开始，逐渐向上层模块集成，直至所有模块都集成在一起完成测试。

以图 7.5 为例，其中 M4、M5、M6、M7 为经过单元测试的最底层模块，模块 M2 和 M3 分别调用模块 M4、M5 和模块 M6、M7，如果此时模块 M2 和 M3 尚未开发，需要编写代码来调用模块 M4、M5、M6、M7，如图 7.8 中的 D4、D5、D6、D7，这些代码称为驱动程序。在自底向上集成测试过程中需要通过驱动程序将测试用例输入给被测试模块，完成测试，通过这种方法能够及时发现底层模块存在的问题，从而采取有效的措施进行修复。

整个自底向上集成测试流程如下。

1）底层模块结合成实现某个子功能的子系统。

2）编写驱动程序，调整测试数据的输入输出。

3）对子系统进行测试。

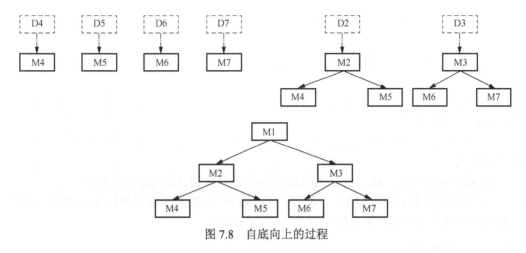

图 7.8 自底向上的过程

4）去除驱动程序，沿软件结构自底向上移动，将上层模块与子系统结合。

5）不断重复 2）～4）步，直至整个软件结构测试完成。

（3）测试方法的比较

自顶向下集成测试的优点在于，能在早期明确整个程序的轮廓，并向用户展示程序的样貌，取得用户的理解和支持。但是，在对上层模块进行测试时需要使用大量的桩模块，很难模拟出各个模块的全部功能，可能导致部分测试内容推迟，只能等到换上真实模块后再进行测试。如果在低层上的替身模块多，那么也会增加测试用例设计的难度。

自底向上集成测试主要从下层模块开始测试，比较容易设计测试用例，但是在测试早期无法明确整个程序的轮廓。

采用自顶向下集成测试与自底向上集成测试混合测试的方法能够扬长避短，充分发挥两种测试方法的长处。例如，对关键模块进行自底向上集成的测试策略，能够把这些模块提前进行组装，降低测试用例的设计难度；或者提前把与关键模块相连的模块进行组装，以便尽早地暴露程序中可能存在的问题。除此之外，其他模块仍采取自顶向下的测试方法，尽早地明确整个程序的轮廓。

7.4 系 统 测 试

7.4.1 系统测试概述

系统测试是指对整个系统进行测试，测试对象包括系统依赖的硬件、系统的源代码、设计文档、管理文档、技术文档等。系统测试是将已通过集成测试的系统，作为整个系统的一部分，在实际运行环境下对整个系统进行一系列严格的测试，通过这些测试能够系统分析设计中的错误。目前，系统测试不仅包括验证系统的功能是否符合需求规定，还包括一些非功能性指标，测试范围包括功能测试、性能测试、压力测试、安全性测试、界面测试、可用性测试、配置测试、异常测试、健壮性测试等。总之，系统测试包含的测试内容较多，为了让用户更好地了解系统测试的过程，现将系统测试步骤梳理如下。

1）整理软件需求规格说明书、设计文档、开发文档等项目相关文档，作为系统测试的依据。

2）制订测试计划，其中包括参与测试的人员、测试范围、测试方法、测试环境、测试工具、测试规范。

3）设计测试用例，由各个测试人员根据测试计划、软件需求规格说明书等文档设计测试用例。

4）执行系统测试，由各测试人员按照测试计划及测试用例进行系统测试。

5）管理及修复缺陷，在1）～4）步中发现的任何缺陷都需要进行缺陷管理，对所有的缺陷状态进行管理，测试结束后生成缺陷管理报告。

7.4.2 性能测试

目前，大部分的软件系统均基于网络的分布式应用，用户数量、用户使用场景充满不确定性。为了提供更好的服务，在系统测试时不仅需要对系统提供的功能、业务逻辑、接口进行测试，还要对系统的性能进行测试。例如，系统当前用户为100人，未来系统用户可能会增加到300人，那么为了让系统能够在300人的情况下也正常提供服务，就需要进行性能测试。那么从用户的角度来看系统性能，用户通常会比较关心操作要等多久，为什么总是提示请求失败，其实用户所关注的就是系统的响应时间和系统的稳定性；从系统开发人员来看，开发人员比较关心数据库设计是否合理，代码是否有设计不合理的地方，内存资源是否分配合理，系统是否具有一定的可扩展性，是否可以通过更换设备提高系统的性能等一系列的内容。简而言之，性能测试是指通过自动化的测试工具模拟多种正常、峰值及异常负载条件来对系统的各项性能指标进行测试。

目前性能测试包括负载测试、压力测试及稳定性测试，下面通过图7.9对这几种测试进行介绍。其中，横轴表示系统资源，纵轴为每秒传输的事物处理个数（transactions per second，TPS），其中a点表示期望性能值；b点表示高于期望，系统资源处于临界值；c点表示高于期望的拐点；d点表示超过系统负载，系统崩溃。

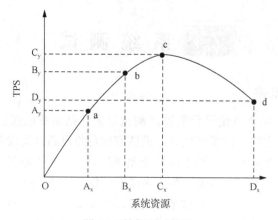

图7.9　性能测试概述

其中，a 点到 b 点进行的是狭义的性能测试，是指以性能预期目标为前提，不断对系统施加压力，进而验证系统在资源的可接受范围内，是否能够达到性能预期，这类测试也是常见的测试类型。

b 点的性能测试通常被称为负载测试，通常通过对系统不断地增加压力或增加到一定压力值后持续一段时间，直到某项或多项性能指标达到安全临界值，如某种资源已经达到饱和状态，目前这类测试较少，一般以服务器资源安全临界值作为接线的测试。

b 点到 d 点之间的测试通常被称为压力测试，是指在超过安全负载的情况下，不断对系统施加压力，通过确定系统的瓶颈或不能接收用户请求的性能点，来获得系统能提供的最大服务级别。

在 a 点到 b 点之间进行的是稳定性测试，这类测试主要是为了测试系统在特定的硬件、软件及网络环境条件下，给系统一定的负载压力，使系统运行一段时间（n×12 小时），用来检测系统是否稳定，这类测试也是在系统测试过程中经常会做的测试。

性能测试经常会用吞吐量、TPS、每秒请求数（query per second，QPS）、并发数、响应时间来衡量测试结果。

1）吞吐量：系统在单位时间内处理请求的数量，TPS、QPS 都是常用的吞吐量量化指标。

2）TPS：每秒传输的事物处理个数。

3）QPS：每秒请求数，即服务器在 1 秒的时间内处理了多少个请求。

4）并发数：系统同时能处理的请求数量，同样反映了系统的负载能力。

5）响应时间：系统对请求做出响应的时间，一般取平均响应时间。

在实际生产过程中会根据性能测试的目标不同有不同的性能测试，那么根据服务范围是单服务还是某一功能的所有服务、测试机器是单机器还是所有机器，以及测试接口是单接口还是所有接口，选择不同的测试环境。表 7.3 列出了不同的性能测试场景。

表 7.3　性能测试场景

服务范围	机器	界面	目标	测试环境
单一服务	单机	单一接口	在单台机器上测试一个接口的容量和性能	预先上线/测试
单一服务	单机	所有接口	在单台机器上测试服务的容量和性能瓶颈	现场直播前/测试
单一服务	所有的机器	所有接口	测试在线服务的容量和性能	在线测试
一个功能中涉及的所有服务	所有的机器	所有接口	测试能力涉及服务的性能	在线测试

从表 7.3 能够看到部分性能测试场景需要在线完成，虽然预先上线环境与线上配置一致，但是预先上线环境中的中间件容量（如数据库容量、消息队列大小等），经常无法按比例配置，同时线上的部分问题无法在预先上线环境中复现，因此需要在线上进行性能测试。需要注意的是，如果在线上进行性能测试，线上功能可能会受性能测试的影响，因此在线上进行性能测试之前，需要进行安全性评估，包括但不限于机房带宽的评估、性能测试影响的服务评估、数据评估等，同时为了区分性能测试产生的数据与真实

线上产生的数据，还需要在性能测试前进行数据准备，包括但不限于业务数据准备、监控数据准备（系统监控、数据库监控等）等，除此之外还要提前通知可能受影响的工作人员，以便在性能测试过程中一旦出现问题及时发现、及时通知、及时处理。与其他测试不同，在性能测试结束后还要及时对测试过程中产生的数据进行处理，并且验证性能测试结束后线上其他功能不受本次性能测试的影响。

7.5 验 收 测 试

验收测试是软件产品在做完单元测试、集成测试、系统测试后，产品正式发布前进行的测试。验收测试也是技术测试的最后一项测试，该测试以用户为主，测试人员、开发人员、质量保障人员共同参与，主要是为了验证软件是否准备就绪，并由最终用户验证该产品是否满足既定需求。

在验收测试过程中，首先需要验证系统已经满足用户需求说明书上的所有需求，然后验证系统中是否仍存有缺陷，为软件的改进提供帮助，并保证产品的功能和性能能够符合最终用户的要求。因此，验收测试按照测试内容可分为易用性测试、兼容性测试、安装测试、文档（如操作手册等）测试等，按照测试策略可分为正式验收测试、非正式验收测试或α测试、β测试，其中α测试也称内部测试，简称内测；β测试也称公开测试，简称公测。

正式验收测试通常是系统测试的延续，需要有详细的测试计划、测试用例，可以由开发人员和最终用户一起进行验收测试，也可以由最终用户进行验收测试。

α测试的测试流程没有正式验收测试流程严格，在测试过程中没有特定的测试用例，测试人员只需根据自己的测试内容记录测试结果即可。通常情况下，α测试是最终用户在开发环境下进行的测试，参与测试的用户较少，测试时间也相对比较集中。

β测试是由最终用户在不同环境下进行的测试，测试内容、测试时间不受组织者的管理与限制，参与β测试的用户较多，测试时间也比α测试时间长。

在游戏发布过程中，游戏公司经常会在α测试阶段允许部分玩家进行账号注册，参与α测试，来对游戏进行改善；在β测试阶，游戏段向广大玩家开放，参与的用户通常不受限制，在进行一段时间的β测试后，再对游戏进行收费。

习 题

1. 为什么要进行单元测试？
2. 什么是集成测试？说明集成测试的主要内容。
3. 简述集成测试的常用方法。
4. 简述系统测试的流程。
5. 性能测试常用的性能指标有哪些？

第8章 软件维护

8.1 软件维护基础

8.1.1 软件维护概述

软件产品开发完成并交付使用后，就进入了软件维护阶段，这一阶段也是软件生命周期的最后一个阶段。做好一款软件的维护，能够使软件发挥更大的作用，产生良好的经济效益和社会效益。

一般来说，大中型软件产品的开发时间为 1~3 年，运行时间可达 5~10 年。在运行时间内，除了要修复软件开发过程中残留的缺陷，还可能会进行多次的版本升级，以改善软件的运行环境、丰富产品的功能、提升产品的性能等。这些活动均属于软件维护的工作范畴，这些工作的好坏将直接影响软件的使用寿命。

维护阶段主要是对软件产品中存在的错误进行修复或满足新的需求，以保证软件产品能够长时间正常运行。

从整个软件项目整体成本来看，软件维护成本大约是开发成本的 4 倍，可以说在整个软件开发预算中，维护成本占很大一部分，主要是因为许多资源（如人力、设备）会优先用于软件维护，进而影响其他新项目的开发，同时在维护过程中可能会引入新的缺陷而降低软件的质量；同时一些无形的代价也会增加软件维护成本，如一些貌似合理但是无法实现的需求。

过去的几十年，软件维护的成本一直在不断增长。20 世纪 70 年代，一个信息系统机构用于软件维护的费用占其软件总预算的 35%~40%，20 世纪 80 年代这一比例接近60%。如果维护方式没有大的改进，未来几年，许多大型软件公司可能要将其预算的 80%用于软件系统的维护。

通常情况下，维护阶段的活动主要分为以下四类。

1）改善性维护（corrective maintenance）：在软件测试过程中不可能发现一个软件系统中包含的所有错误，因此，任何软件交付使用后，都会继续发现软件中潜在的错误。为了对它们进行修复，必然会有改善性维护活动，即在软件产品使用期间，用户发现程序中的错误，并把这些错误发送给维护人员。我们把这种诊断和改正错误的过程称为改善性维护。

2）适应性维护（adaptive maintenance）：在软件使用过程中，会随着时间和环境的变化而需要对软件产品进行修改，以适应当下的环境，其中包括因硬件或支撑软件发生改变（如操作系统升级、数据库升级或通信协议变更）而引起的变化；将软件移植到新的机型上运行，软件使用对象发生变化等。这类维护称为适应性维护。

3）完善性维护（perfective maintenance）：在软件产品使用过程中，用户会根据自己的需求提出新的功能或对已有功能提出修改建议，为了满足这类需求，需要进行完善性维护。这类维护工作也是软件产品维护工作的主要内容。

4）预防性维护（preventive maintenance）：由米勒（Miller）提出，他主张维护人员不要单纯地等待用户提出的维护需求，而是首先维护运行时间较长、急需重大修改或改进的软件，进行预先维护，这样做的目的是提高程序的可维护性、可靠性及提高代码质量。这类活动被称为预防性维护，这类维护工作相对较少。

根据上面对四类软件维护活动的描述，不难看出软件维护不限于修复软件产品在使用过程中发现的缺陷，在实际维护活动中各类软件维护所占百分比如图 8.1 所示，可以看出 60% 的维护活动是完善性维护。

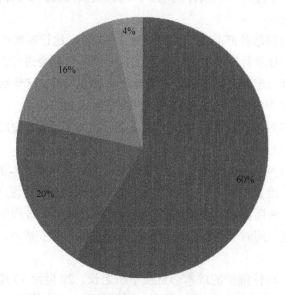

图 8.1 软件维护所占百分比

8.1.2 软件可维护性

1. 软件维护的关键问题

在软件维护中出现的大部分问题可归咎于软件规划和开发方法的缺陷，也就是没有采用软件工程的思想进行软件开发。如果在进行软件设计时没有考虑软件的可维护性，在开发过程中没有严格遵循软件开发标准，那么在软件维护时将会面临很多问题。

首先是技术问题，如果维护的软件没有合格的文档，或者文档资料不足，或者文档资料与代码不符，导致文档无法参考，或者在软件版本迭代过程中，迭代内容没有在文档中体现出来等，这些情况都会导致维护成本大幅增加；同时，同一软件项目代码可能由多人维护，理解他人编写的代码会非常困难，困难程度会随着软件配置的减少而大幅增加。

其次是管理问题，由于软件维护周期很长，在对一个软件进行维护时，之前的软件开发人员可能已经离职，无法对软件项目中的代码进行详细的说明；同时，很多软件在设计时没有考虑软件的可维护性，使软件维护工作既困难又容易发生差错。

2. 可维护性

可维护性是衡量一个软件维护难易程度的属性。一款软件的可维护性主要取决于软件的可理解性（understandability）、可修改性（modifiability）及可测试性（testability）。

（1）可理解性

在多数情况下，软件的维护人员与开发人员并不是同一个人，读懂其他人编写的程序是有一定困难的，如果缺少合适的文档，那么难度会更大。例如，高级程序设计语言编写的程序比汇编语言编写的程序更好理解。

（2）可修改性

在进行维护时，维护人员也可能在程序中引入新的错误或将文档中的内容改错，但可修改性好的程序，在维护时出错的概率也比较小。

（3）可测试性

可测试性表示的是一款软件被测试的难易程度。较好的可理解性、完整的测试文档，这些都能够提高程序的可测试性。

8.2 维 护 过 程

在整个软件维护的过程中，都是对软件进行修改和压缩。为了更好地进行软件维护，必须先建立一个维护组织，然后为每个维护制定一个标准化的事件序列，并确定报告和评价过程，在维护过程中，还需要建立一个适用于维护活动的记录保管过程，并且制定复审标准。下面对维护组织（maintenance organization）、维护报告（maintenance report）、维护事件流（maintenance event flow）、维护记录（maintenance records）进行介绍。

1. 维护组织

对小的软件开发团队而言，通常不会成立正式的维护组织，但是也要有维护责任人，对于每个维护需求，都通过维护责任人转交给熟悉该系统的管理员去评价，再由系统管理员指定熟悉一小部分产品的技术人员进行维护。维护之前明确维护责任划分是十分必要的，这样能大大减少维护过程中可能出现的混乱。

2. 维护报告

为了保证维护过程标准，应该用标准化的格式表达所有软件维护的需求，通常情况下，用户需要填写维护需求表。维护需求表由软件维护人员提供，有时也称软件问题报告表，它是维护的基础。如果遇到一个错误，则表格中需要完整地描述出现错误的环境，包括输入数据、输出数据及各种有关信息；如果是完善性或适应性的维护需求，则应该给出一个简短的需求说明书。由维护管理员和系统管理员对用户提交的维护需求表进行评价。

维护需求确定后，维护人员会制定一份软件修改报告，其中包括：①为完成维护需求需要的工作量；②维护需求的性质；③维护需求的优先等级；④维护修改后相关的数据。

在完成软件修改报告后，需要提交给系统管理员进行审查批准，然后拟订进一步的维护计划。

3. 维护事件流

在整个维护过程中，对于开发人员可能会有不同的意见，那么就需要提前制定维护事件流，对可能面临的各种情况如何处理做出说明。图 8.2 所示为维护事件的流程。

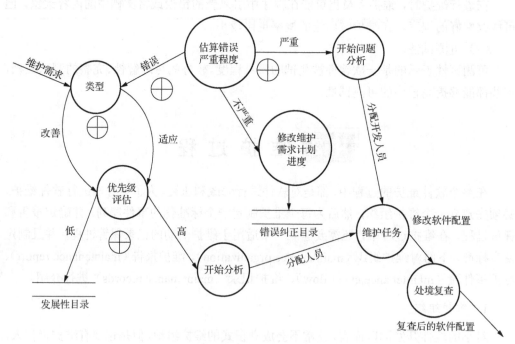

图 8.2　维护事件的流程

从图 8.2 可知，如果是改正性维护需求（即图中"错误"通路）的处理，从"估算错误严重程度"开始，如果错误程度为严重，则系统管理员立即对问题进行分析，并分配开发人员进行维护任务；如果错误程度为不严重，则修改维护需求计划进度，将改正性维护需求与其他需求开发任务统筹安排；如果是适应性维护和完善性维护需求，则沿着相同的事件流通路前进，对每个维护需求的优先级进行评估，把维护需求当作开发任务安排工作时间；如果维护需求的优先级很高，那么需要立即分析，并分配开发人员进行维护。对于所有的维护需求，与其他的开发任务流程相同，都需要进行同样的技术工作，包括修改软件设计、复查、必要的代码修改、单元测试、集成测试、验收测试。维护时间流最后一个事件是复查，通过复查能够验证软件中所有成分的有效性，保证满足维护需求表中所有的需求。通常情况下，还需要进行处境复查，处境复查要能够回答以下问题：①当前情况下设计、编码或测试的哪些方面可以用不同的方法完成？②哪些维护资源是应该有却没有的？③此次维护任务中哪些是主要的或次要的障碍？④此次维护任务中是否有预防性维护？

通过处境复查能够提高软件的可维护性，并且处境复查提供的反馈信息能够有效地对软件进行管理。

4. 维护记录

为了对维护活动进行有效的评估，需要对维护过程中产生的数据进行记录，其中需要包括程序标识、源语句数、机器指令条数、使用的程序设计语言、程序安装日期、程序安装以来运行的次数、运行失败的次数、程序变动的标识、增加的语句数、删除的语句数、每次改动耗费的人日数、程序改动的日期、改动的人员、维护需求表的标识、维护类型、维护开始时间、完成时间、累计维护的人日数、维护所产生的效益。通过收集这些数据，构成一个维护数据库的基础，为后续软件的维护需求的评估提供数据基础。

8.3 软件再工程

8.3.1 软件再工程概述

软件开发完成后会经过多次的演化、更新，当系统经过长时间的维护后，会很难理解和维护。为了提高旧系统的可维护性，可以通过再工程（software reengineering）提升系统的可维护性、可理解性。其中，软件的再工程也称再加工，是对现有的软件系统进行研究分析后，将其代码进行重构的开发过程。再工程与普通软件需求不同的是，再工程是从已有软件出发，开发出新软件的过程，为了更好地理解软件再工程，需要先了解以下两个概念。

正向工程（forward engineering）：从需求分析、逻辑性的、不存在的代码设计依次展开，直到具体代码实现的开发活动，即从需求设计、抽象再到产品初次发布的过程或子过程。

逆向工程（reverse engineering）：对现有的系统进行分析，明确系统各个组成部分及其相互间的关系，再将系统通过其他的方式实现的过程。简单来说，逆向工程就是一种设计恢复的过程，逆向工程的流程如图8.3所示。其中提取是逆向工程的核心，包括过程提取、界面提取、数据提取。

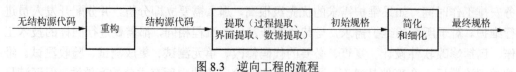

图8.3　逆向工程的流程

再工程是开发人员对系统具有深刻理解后，将其重构为另一种形式的软件产品，即再工程=逆向工程+正向工程。

1. 软件再工程的优势

软件再工程与直接替换系统相比主要有以下两个优势。

1）风险较小。如果对关键业务的系统重新进行开发，在开发过程中可能会出现各种问题，并且从时间上来说，系统上线的延期将会造成大量额外的损失。

2）成本较低。再工程的成本比重新开发软件的成本低很多。

2. 软件再工程的分类

客观来说，软件再工程的潜在需求量巨大，但是由于再工程需要大量的人力、物力成本，因此并不能满足所有的再工程需求。目前，再工程主要分为以下三类。

1）适应性维护的再工程：随着业务的发展而对系统的软硬件进行的维护，如更换服务器和数据库、更新操作系统等。

2）完善性维护的再工程：对系统的功能进行修复，保证系统的安全性和可靠性。

3）预防性维护的再工程：为了提高系统的可维护性，而对文档、数据、代码等进行的维护。

8.3.2　重用和重构

1. 重用

软件再工程不是面向新需求进行开发，而是对已有的系统进行分析、改进，因此，软件开发人员在再工程过程中提出的第一个问题就是"如何重用（reuse）已有系统"。软件重用是指将已有系统中的软件资源进行整合重复利用的过程，可以说如何将已有系统最大限度地重用，如何将已有系统的非可重用部分进行改造是软件再工程的主要工作内容。软件重用内容的多少，将直接决定软件再工程的工作量。因此，需要在各个阶段对已有软件可重用内容进行评估。

1）分析阶段：软件再工程的分析阶段主要是对已有系统的规模、体系结构、功能、代码等内容进行调研，通过调研分析再工程涉及的范围，能够重用的内容越多，再工程的成本则越低。如果可以用已有代码解决现有问题，那么将减少很多再工程的工作量，这也是再工程的最理想情况，然而实际情况往往只有部分代码可重用。

2）编码阶段：根据分析阶段形成的再工程设计文档，需要在编码阶段再对系统代码进行深度的分析，生成代码设计文档，再进行编码。在编码过程中，要对已有系统中的代码心存敬畏，因为每个运行良久的系统在正确性上均已被用户认可，其中的每段代码都有自己的用处，需要处理的情况远比个人想到的情况复杂。因此，我们需要在编码阶段认真读代码，并提取出可重用的内容。

3）测试阶段：一般来说，软件再工程的测试是工作量最大的一项工作，如果已有系统的测试用例可用于测试，将大大降低再工程的成本。对于重用的局部系统可通过回归测试或免除测试，但对于系统中有变动或增加的部分，则需要对其涉及的所有内容进行详细的测试，避免因为测试疏忽而导致没有及时发现问题，造成更大的损失。

2. 重构

在软件再工程的过程中，对于良好的文档、可读性很高的代码，可以通过重用降低再工程的成本，但是对于大量缺失、语义不详的文档和打满补丁的代码，通常采用重构（refactoring）的方法来提高系统的可维护性。重构是指在不改变软件现有功能的基础上，通过对代码的调整来提高软件的质量，使系统的设计、架构更加合理，提高系统的可扩展性和可维护性。

通过重构可以使系统在以下方面得到提升。

1）系统设计：通过重构可以持续地对软件代码进行设计，保证系统设计的合理性和准确性。

2）代码的可读性：一段好的代码不仅能够实现好的功能，还能够被他人理解，通过重构能够发现代码中晦涩难懂的部分，提高代码的可读性。

3）帮助发现隐藏的缺陷：重构代码的过程也是开发人员再次理解原始代码的过程，通过重构开发人员能够加深对系统原始设计的理解，发现代码设计中的缺陷。

4）编程效率：在系统维护过程中，可能会由于一个问题而需要对代码进行大量修改，久而久之，就会导致系统程序变得十分臃肿，代码的可读性大幅下降。通过对代码的重构能够对系统设计进行改良，提高代码的可读性，进而提高后续维护的工作效率。

8.3.3 软件再工程流程

通常情况下，一个可维护性较差的系统可能会存在大量文档缺失、代码缺少必要的注释等问题，因此进行软件再工程是十分必要的。软件再工程流程如图 8.4 所示。

1）阅读现有代码及文档：这是软件再工程的第一步，如果能够找到系统设计的原始参与者，那么将能够大幅提高这一步骤的效率，因为原始设计人员更了解系统的设计逻辑。如果系统中涉及第三方工具，那么也需要对第三方工具进行检查。

2）检查并调试源代码：通过第一步对现有代码及文档的阅读，能够对现有系统有一个初步的了解，那么在这一步骤中，将会对已经明确功能的程序进行构建和调试，并输入测试数据，达到对现有代码功能的验证，并将源代码、验证过程等进行记录，形成原始程序的记录文档，便于后续使用。

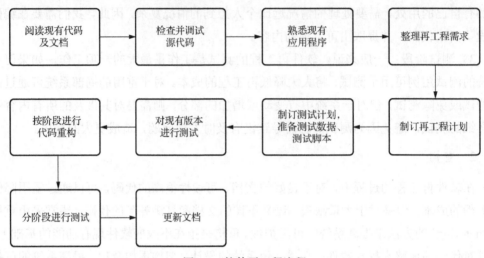

图 8.4　软件再工程流程

3）熟悉现有应用程序：对于开发人员来说，在开始阶段最重要的内容就是熟悉整个系统的功能，通过一些测试了解系统的运行情况、系统的功能及流程，与用户或系统管理员进行沟通与讨论。在这一阶段能够更加了解系统，提供重构思路，还可能发现系统中的一些缺陷，需要对这些缺陷进行记录，以便在后续的重构过程中能够有针对性地解决这些缺陷。

4）整理再工程需求：通过这一步明确再工程要达到的目的。例如，为代码增加注释，提高可读性，为代码生成文档，去除重复或无用的代码，代码标准化、模块化，改善系统性能，修复已有缺陷等，无论目的是哪个，都需要有详细的需求文档。

5）制订再工程计划：在确定好再工程需求后，需要制订一个详细的实施计划。为了保证计划的实施，需要将整个过程分解为若干阶段。在每个阶段结束后，都需要生成这一阶段的文档，并且对这一阶段的功能进行验证，保证与原始功能一致。

6）制订测试计划，准备测试数据、测试脚本：测试人员需要根据再工程的需求、设计等制订测试计划，并准备大量测试数据与测试脚本，也可通过编写自动化测试脚本提高测试效率。

7）对现有版本进行测试：使用测试数据，对现有版本进行测试，并对测试结果进行记录，形成测试文档，这些文档可以用来检验再工程的代码。如果需要，则还要对现有版本的代码进行性能测试。

8）按阶段进行代码重构：在编写代码的过程中，需要保证代码符合标准，如有无重复代码、变量名称是否符合规范、参数是否可优化。同时，在代码重构阶段也可以对系统性能进行提升，如对数据的存取方法的改进等，都可以对性能产生很大的影响。

9）分阶段进行测试：在每一阶段编码完成后，都需要对重构后的代码进行测试，并将测试结果与原始系统的测试结果进行比对，两者一致，才可以进入下一阶段，否则需要对代码进行改进。需要注意的是，每一阶段都需要保留完整的文档，这样才会保证在出现问题时，开发人员能够根据文档快速确定问题产生的原因。

10）更新文档：在整个再工程结束后，需要对所有的系统文档进行更新，并对缺失的文档进行补充，包括但不限于软件的安装步骤、软件的使用手册、设计文档、各个系统版本的详细说明，以及本次再工程对哪些部分进行了修改。

需要注意的是，在软件再工程的流程中，不仅需要阅读现有代码及文档，还需要对现有代码进行分析、调试、测试。这些流程能够帮助我们更加深入地了解系统，在后续的再工程工作中节省大量时间，如果忽略了这些步骤，则可能会造成大量不必要的重构，浪费大量资源。

8.3.4 再工程的成本/效益分析

在再工程的过程中需要耗费一定的时间，并且投入一定的人力成本和物力成本。为了显性地表示再工程的成本/效益，斯尼德（Sneed）提出了再工程的成本/效益模型。

1）未执行再工程、持续维护的成本：

$$C_{maint} = [p_3 - (p_1 + p_2)] \times L$$

2）再工程的相关成本：

$$C_{reeng} = [p_6 - (p_4 + p_5) \times (L - p_8) - (p_7 \times p_9)]$$

3）再工程的整体收益：

$$C_{benifit} = C_{reeng} - C_{maint}$$

式中，p_1 表示当前某应用的年维护成本；p_2 表示当年某应用的年运行成本；p_3 表示当前某应用的年收益；p_4 表示再工程后预期年维护成本；p_5 表示再工程后预期年运行成本；p_6 表示再工程后预期业务收益；p_7 表示估计的再工程成本；p_8 表示估计的再工程日程；p_9 表示再工程的风险因子，$p_9=1.0$；L 表示期望的系统生命期（年）。

习　　题

1. 为什么需要进行软件系统的维护？
2. 什么是软件可维护性？影响软件可维护性的因素有哪些？
3. 软件维护的流程是什么？
4. 简述软件再工程的流程。
5. 软件维护的关键问题有哪些？

第9章 面向对象程序设计

9.1 面向对象方法的相关概念

面向对象的方法和应用非常广泛，已经涉及计算机领域的各个方面，包括数据库系统、应用平台、分布式系统、交互式界面、人工智能等领域。面向对象方法（object-oriented method，OOM）被称为现代软件工程开发方法。面向对象是认识论和方法学的一个基本原则。人对客观世界的认识和判断常采用由一般到特殊（演绎）和由特殊到一般（归纳）两种方法，这实际上是对问题域的对象进行分解和归类的过程。

面向对象方法是主流软件开发方法。从世界观的角度来看：世界是由各种具有各自运动规律和内部状态的对象组成的，不同对象之间的相互作用和通信构成了完整的现实世界。人类应当按照现实世界本来面貌理解世界，直接通过对象及其相互关系反映世界，以此构建的系统才能符合现实世界。从方法学的角度来看：面向对象方法是面向对象的世界观在开发方法中的直接运用，强调系统的结构应该直接与现实世界的结构相对应，应该围绕现实世界中的对象构造系统，而不应围绕功能构造系统。

面向对象的方法是一种运用对象（object）、类（class）、消息与消息通信、方法（method）、继承（inheritance）、封装（encapsulation）、重载（overload）、多态性（polymorphism）与动态绑定（dynamic binding）等概念来构造软件系统的软件开发方法。下面介绍面向对象方法中的主要概念。

9.1.1 对象

对象是由数据（描述事物的属性）和作用于数据的操作（体现事物的行为）组成的封装体，描述客观事物的一个实体，是构成系统的基本单元。对象的概念贯穿于面向对象开发全过程，即系统就是由对象构成的，只是每个阶段对象的具体化程度不一样，这样使各个开发阶段的系统成分良好地对应，显著地提高了系统的开发效率与质量，并大大降低了系统维护的难度。

对象具有三要素：标识、属性和服务。标识即对象的名称，用于唯一地识别系统内部对象，在定义或使用对象时指定。属性也称状态或数据，用于描述对象的静态特征。在某些面向对象程序设计（object-oriented programming，OOP）语言中，属性通常被称为成员变量或简称变量。服务也称操作、行为或方法，用于描述对象的动态特征，在某些面向对象的程序设计语言中，服务通常被称为成员函数或简称函数。

9.1.2　类

类是对一组有相同数据和相同操作的对象的定义，是对象的模板，其包含的方法和数据描述一组对象的共同行为及属性。类是在对象之上的抽象，对象则是类的具体化，是类的实例。类可有子类，也可有其他类，形成类层次结构。

类定义了各个实例所共有的结构，类的每个实例都可使用类中定义的操作。实例的当前状态由实例所执行的操作定义。通常类可被视为一个抽象数据类型的实现，特别将类看作表示某种概念的一个模型。图 9.1 显示了一个类和它的实例。

类包括数据成员和成员函数。数据成员对应类的属性，类的数据成员也是一种数据类型，并不需要分配内存。成员函数则用于操作类的各项属性，是一个类具有的特有的操作。类和外界发生交互的操作称为接口。

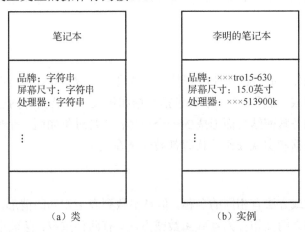

图 9.1　类和它的实例

9.1.3　消息与消息通信

对象通过发送消息的方式请求另一对象为其服务。消息是对象之间进行通信的一种规格说明，通常一个消息由下述三个部分组成。

1）对象名（object name）：接收消息的对象。

2）消息名（message name）：要求接收对象完成的操作。

3）参数（parameter）：执行操作时的参数或操作返回的结果。

对象之间传递消息体现了问题域中事物间的相互联系。消息通信与对象的封装原则密切相关。封装使对象成为各司其职、互不干扰的独立单位；消息通信则为其提供唯一合法的动态联系途径，使其行为可以互相配合，构成一个有机的系统。

9.1.4　方法

方法是指在对象内的操作。数据描述对象的状态，操作可操纵私有数据，改变对象的状态。当其他对象向该对象发出消息并响应时，其操作才得以实现。方法是类中操作的实现过程，包括方法名、参数及方法体。方法描述了类与对象的行为，每个对象都封装了数据和算法两个方面，数据由一组属性表示，算法则是当一个对象接收到一条消息后，所包含的方法决定对象的动作，通常是在某种编程语言下实施的运算。

9.1.5　继承

继承是指可以使用现有类的所有功能，并在无须重新编写原来类的情况下对这些功能进行扩展。通过继承创建的新类称为子类或派生类，被继承的类称为基类、父类或超类。

继承是类之间的一种关系。继承有两种：一是单重继承，指子类只继承一个父类的数据结构和方法；二是多重继承，指子类继承多个父类的数据结构和方法。通过继承关系还可构成层次关系，单重继承构成的类之间的层次关系为树状，若将所有无子类的类都看成还有一个公共子类，那么多重继承构成的类之间的关系便形成一个网格，并且继承关系可传递。

9.1.6　封装

封装就是模块化，是指将软件内部具体实现进行隐藏，将数据与操作数据的源代码进行有机结合，形成"类"，类的成员包括数据和函数。封装具有两层含义：一是对象是其全部属性和服务紧密结合而形成的一个整体；二是对象如同一个密封的"黑盒子"，表示对象状态的数据和实现操作的代码都被封装在其中。

9.1.7　重载

重载是指函数或方法有相同的名称，但是参数列表不相同的情形，这样的同名不同参数的函数或方法之间互相称为重载函数或方法。有两种重载：函数重载是指同一作用域内的若干参数特征不同的函数可以使用相同的函数名字；运算符重载是指同一个运算符可以施加于不同类型的操作数上。当然，当参数特征不同或被操作数的类型不同时，实现函数的算法或运算符的语义是不同的。重载可以进一步提高面向对象系统的灵活性和可读性。

9.1.8　多态性与动态绑定

多态性是指多种类型的对象在相同的操作或函数、过程中取得不同结果的特性。利用多态技术，用户可发送一个通用消息，而实现的细节则由接收对象自行决定，这样同一消息就可调用不同的方法。多态性不仅增加了面向对象软件的灵活性，进一步减少了信息冗余，还显著提高了软件的可重用性和可扩充性。多态有多种不同形式，其中参数多态和包含多态统称为通用多态，过载多态和强制多态统则称为特定多态。

动态绑定是多态性的基石之一。将函数调用与目标代码块的连接延迟到运行时进行，只有发送消息时才与接收消息实例的一个操作绑定。动态绑定同多态性可使建立的系统更灵活且便于扩充。

9.2　面向对象方法的特点

面向对象的开发方法（object-oriented software development，OOSD）的基本思想是尽可能按照人类认识世界的方法和思维方式分析及解决问题，可提供更加清晰的需求分析和设计，是指导软件开发的系统方法。面向对象方法有以下四个主要特点。

1）符合人类分析并解决问题的习惯思维方式。面向对象模型（object-oriented model，OOM）以对象为核心，强调模拟现实世界中的概念而非算法，尽量用符合人类认识世界的思维方式渐进地分析并解决问题，使问题空间与解空间一致，有利于对开发过程各阶段综合考虑，有效地降低开发复杂度，提高软件质量。

2）各阶段所使用的技术方法具有高度连续性。传统的软件开发过程用瀑布模型描述，其主要缺点是将充满回溯的软件开发过程硬性地分为几个阶段，并且各阶段所使用的模型、描述方法不相同。OOM 使用喷泉模型作为工作模型，软件生存期各阶段无明显界限，开发过程回溯重叠，用相同的描述方法和模型保持连续。

3）开发阶段有机集成有利于系统稳定。将面向对象分析、面向对象设计、面向对象编程有机集成，始终围绕着建立问题领域的对象（类）模型进行开发过程，而各阶段解决的问题又各有侧重。由于构造软件系统以对象为中心，而不是基于对系统功能分解，因此当功能需求改变时不会引起其结构变化，其具有稳定性和可适应性。

4）重用性好。利用复用技术构造新软件具有很大的灵活性，由于对象所具有的封装性和信息隐蔽性，对象的内部实现与外界隔离，具有较强的独立性，因此对象类提供了较理想的可重用软件成分，而其继承机制使面向对象技术实现可重用性更方便、自然和准确。

9.3　面向对象开发方法

目前，面向对象开发方法的研究日趋成熟，已有很多面向对象产品问世，其开发方法包括 Booch 方法、Coad 方法、对象建模技术（object modeling technology，OMT）方法和统一建模语言（unified modeling language，UML）等。

1）布什（Booch）最先描述了面向对象的软件开发方法的基础问题，指出面向对象开发是一种从根本上不同于传统的功能分解的设计方法。面向对象的软件分解更接近人对客观事物的理解，而功能分解只通过问题空间的转换获得。

2）科德（Coad）和尤顿（Yourdon）于 1989 年提出了面向对象开发方法。该方法的主要优点是通过多年来大系统开发的经验与面向对象概念的有机结合，在对象、结构、属性和操作的认定方面提出了一套系统的原则。该方法完成了从需求角度进一步进行类和类层次结构的认定。尽管 Coad 方法没有引入类和类层次结构的术语，但事实上已经在分类结构、属性、操作、消息关联等概念中体现了类和类层次结构的特征。

3）OMT 是由美国通用电气公司提出的一套系统开发技术。它以面向对象的思想为基础，通过对问题进行抽象，构造出一组相关的模型，从而能够全面地捕捉问题空间的信息。

4）1995～1997 年软件工程领域取得重大进展，其成果超过软件工程领域过去十多年的总和，重要的成果之一是 UML 的出现。UML 成为面向技术领域内占主导地位的标准建模语言，它融入了软件工程领域的新思想、新方法和新技术。

9.4　UML 建模

UML 是一种定义良好、易于表达、功能强大、普遍适用的结构化建模语言。它是面向对象开发中一套可视化建模语言，由各种图来表达。图用来显示各种模型元素符号，这些模型元素经过特定的排列组合来阐明系统的某个特定部分（或方面）。一般来说，一个系统拥有多个不同类型的图。一个图是某个特定视图的一部分。通常，图是被分配给视图来绘制的。另外，某些图可以是多个不同视图的组成部分。

UML 的出现既统一了 Booch、OMT 及其他方法，又统一了面向对象方法中使用的符号，并且在提出后不久就被对象管理组织吸纳为其标准之一，从而改变了数十种面向对象的建模语言相互独立且各有千秋的局面，使面向对象的分析技术有了空前发展。它成为现代软件工程环境中对象分析和设计的重要工具。

9.4.1　UML 的模型元素

UML 用图形符号隐含表示了模型元素的语法，用这些图形符号组成元模型表达语义，组成模型描述系统结构（称为静态特征）及行为（称为动态特征）。

UML 定义了两类模型元素：一类模型元素用于表示模型中的某个概念，如类、对象、状态、节点、角色、用例、包、构件等；另一类模型元素用于表示模型元素相互之间的关系，主要有关联、包含、扩展、泛化等。模型元素图形表示如图 9.2 所示。

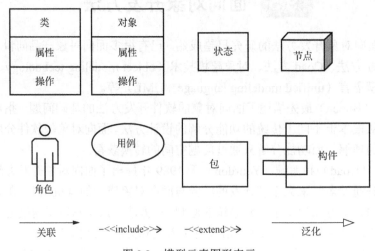

图 9.2　模型元素图形表示

UML 模型图及表示法。模型通常以一组图进行表示，常用的 UML 模型图有五类（共九种）图形来定义 UML 的主要内容：用例图、静态图（类图、对象图）、行为图（状态图、活动图）、交互图（顺序图、协作图）、实现图（构件图、部署图）。这些图的具体功能如下。

1）类图包含类、接口、协同及其关系，用于描述逻辑视图的静态属性。

2）对象图包含对象及其关系，用于表示某一类图的一组类的对象在系统运行过程中某一时刻的状态，对象图也是软件系统逻辑视图的一个组成部分。

3）构件图是软件系统实现视图的组成部分，用于描述系统的物理实现，包括构成软件系统的各部件的组织和关系。类图里的类在实现时最终会映射到组件图的某个组件。一个组件可以实现多个类。

4）部署图用于描述系统的组件运行时在运行节点上的分布情况，一个节点可包含一个或多个组件，部署图是软件系统部署视图的组成部分。

上述四种模型图主要用于描述软件系统的静态结构。

描述系统动态特性的图有五种：用例图、顺序图、协作图、状态图和活动图。

1）用例图用于描述系统的边界及其系统功能，由用例和系统外部参与者及其之间的关联关系组成，用例图体现了用例视图的重要组成部分及内部动态特性。

2）顺序图和协作图都用来描述对象间的交互关系，但侧重不一样。顺序图着重体现交互的时间顺序，协作图着重体现交互对象间的消息传递关系。

3）状态图强调对象对外部事件的响应及相应的状态变迁。

4）活动图用于描述对象之间控制流的转换和同步机制。

除了上面描述的图之外，UML 还具有一个特殊作用的图——包图。它的作用是将 UML 的模型元素进行分组。包图可以理解为是一种容器，它可以包装其他 UML 图元素。UML 中共有八种视图，即静态视图、用例视图、实现视图、部署视图、状态视图、活动视图、交互视图和模型管理视图。表 9.1 给出了 UML 视图及其所包括的图及与每种图有关的主要概念。

表 9.1 UML 视图和图表

视图	图表	主要概念
静态视图	类图、对象图	类、关联、泛化、依赖、实现、接口
用例视图	用例图	用例、执行者、关联、扩展、包含、用例继承
实现视图	构件图	组件、接口、依赖关系、实现
部署视图	部署图	节点、构件、依赖项、位置
状态视图	状态图	状态、事件、过渡、行动
活动视图	活动图	状态、活动、转变、分岔、联系
交互视图	顺序图	交互、对象、消息、启动
	协作图	协作、互动、角色、信息
模型管理视图	包图	包、子系统、模型

9.4.2　UML 模型及建模规则

UML 可从不同视角为系统建模，形成不同的视图。每个视图是系统完整描述中的一个抽象，代表该系统的一个特定方面；每个视图又由一组图构成，图包含强调系统某一方面的信息。OOM 主要有四种模型，即用例模型、静态模型、动态模型和实现模型。

一个完备的 UML 模型图在语义上应一致，并且和一切与它相关的模型和谐地组合在一起。UML 建模规则包括对以下内容的描述。

1）名字（name）：任何 UML 成员都必须包含一个名字。

2）作用域（scope）：UML 成员所定义的内容起作用的上下文环境。某个成员在每个实例中代表一个值，还是代表这个类元的所有实例的一个共享值，由上下文决定。

3）可见性（visibility）：UML 成员能被其他成员引用的方式。

4）完整性（integrity）：UML 成员之间互相连接的合法性和一致性。

5）运行属性（run properties）：UML 成员在运行时的特性。

一个完备的 UML 模型必须对以上内容给出完整的说明，是建造系统所必需的。

9.4.3　UML 的特点与应用

1. UML 的特点

UML 的主要特点如下。

1）统一标准、易使用、可视化、表达力强，易于在不同背景的人员之间进行交流。

2）可用于任何软件开发过程，即各种软件工程模型都可用 UML 建模。

3）UML 内部有扩展机制，可以对一些概念进行进一步的扩展。

4）UML 的一个重要的特征是用于建模，而不是一种方法，只是一种建模工具。

5）为了模型的可视化，UML 为每个模型元素规定了独特的图形表示符号，这些符号简洁明了，能够容纳足够的语义，并且容易绘制。

2. UML 的应用

UML 的应用贯穿于需求分析、设计、构造（编码）和测试的所有阶段，不仅适用于以面向对象方法来描述任何类型的系统，还适用于系统开发的全过程，从需求规格描述直到系统建成后的测试和维护阶段。

9.4.4　用例图

用例图（use case diagram）是指由多个参与者、用例及它们之间的关系构成的用于描述系统功能的视图。一个用例是对系统提供的某个功能的描述。用例仅仅描述系统参与者从外部通过对系统的观察得到的功能，并不描述这些功能在系统内部是如何实现的，也就是说，用例定义系统的功能需求。

1. 用例图的组成

用例图由以下四个部分组成，用画图的方法来完成。

1）参与者（participant）。参与者不是特指人，是指系统以外的，在使用系统或与系统交互中所扮演的角色。因此，参与者可以是人，可以是事物，也可以是时间或其他系统等。还有一点要注意的是：参与者不是指人或事物本身，而是表示人或事物当时所扮演的角色。参与者在画图中用简笔人物画来表示，人物下面附上参与者的名称。

2）用例（use case）。用例是对包括变量在内的一组动作序列的描述，系统执行这些动作，并产生传递特定参与者的价值的可观察结果。可以这样理解：用例是参与者想要系统做的事情。对于对用例的命名，可以为用例取一个简单、描述性的名称，一般为带有动作性的词。用例在画图中用椭圆来表示，椭圆下面附上用例的名称。

3）系统边界（system boundary）。系统边界用来表示正在建模系统的边界。边界内表示系统的组成部分，边界外表示系统外部。系统边界在画图中用方框来表示，同时附上系统的名称，参与者画在边界的外面，用例画在边界的里面，如图9.3所示。

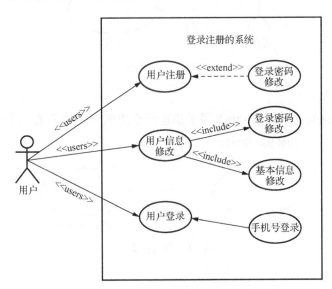

图9.3　用户登录注册系统的示例用例图

4）箭头（arrow）。箭头用来表示参与者和系统通过相互发送信号或消息进行交互的关联关系。箭头尾部用来表示启动交互的一方，箭头头部用来表示被启动的一方，其中用例总是由参与者来启动。

2. 用例图中的基本关系

用例图中有四种基本关系，如图9.4所示。

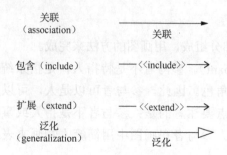

图 9.4 用例图中的基本关系

（1）关联关系

关联关系（association relationship）用于描述参与者与用例之间的关系，用单向箭头表示谁启动用例，每个用例都有角色启动，除包含和扩展用例；用户和登录之间是关联关系，如图 9.5 所示。

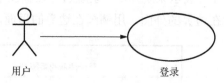

图 9.5 关联关系

（2）包含关系

包含关系（include relationship）用于描述两个用例之间的关系。其中一个用例的行为包含另一个用例，如图 9.6 所示。

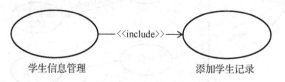

图 9.6 包含关系

（3）扩展关系

扩展关系（extend relationship）用于描述两个用例之间的关系。一个用例可以被定义为基础用例的增量扩展，称为扩展关系。扩展关系是把新的行为插入已有用例中的方法。基础用例即使没有扩展用例也是完整的，如图 9.7 所示。

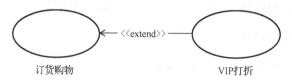

图 9.7 扩展关系

（4）泛化关系

一个用例和几种情形的用例之间构成泛化关系（generalisation relationship）。往往父用例表示为抽象用例，任何父用例出现的地方，子用例也可以出现。如图 9.8 所示，手机号登录、邮箱登录和微信登录与父用例登录之间是泛化关系。

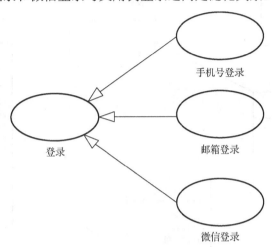

图 9.8　泛化关系

9.4.5　类图

类图（class diagram）用来显示系统中各个类的静态结构，示例如图 9.9 所示。类代表系统内处理的事物。类可以以多种方式相互连接在一起，包括关联（类互相连接）、依赖（一个类依赖/使用另一个类）、特殊化（一个类是另一个类的特化）或打包（多个类组合为一个单元）。所有这些关系连同每个类的内部结构都显示在类图中。其中，一个类的内部结构是用该类的属性和操作表示的。因为类图所描述的结构在系统生命周期的任何一处都是有效的，所以通常认为类图是静态的。

类描述一类对象的属性和行为。在 UML 中，类的可视化表示为一个划分成三个格子的矩形（下面两个格子可以省略）。其中，上面的格子中包含类名，中间的格子中包含属性，下面的格子中包含类的操作，如图 9.10 所示。

类图描述类与类之间的静态关系。定义类之后，就可以定义类之间的各种关系。类与类之间通常有关联、聚合、泛化（继承）、依赖等关系。

（1）关联关系

关联关系（association relationship）是类与类之间的联结，它使一个类知道另一个类的属性和方法。关联可以是双向的，也可以是单向的。双向的关联可以有两个箭头或没有箭头，单向的关联有一个箭头。

1）普通关联（general association）。普通关联是常见的关联关系，只要在类与类之间存在链接关系就可以用普通关联表示，如图 9.11 所示。

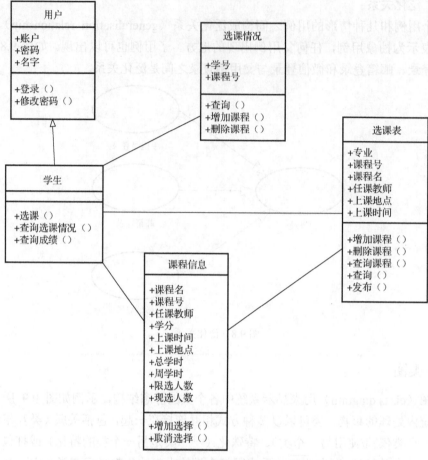

图 9.9 类图示例

图 9.10 类的图形符号

图 9.11 普通关联

2）导航关联（navigation association）。如果关联是单向的，则称为导航关联。如图 9.12 所示，图中只表示某人可以拥有手机，但手机被人拥有的情况没有表示出来。

图 9.12 导航关联

3）自关联（self-association）。在系统中可能会存在一些类的属性对象类型为该类本身，这种特殊的关联关系称为自关联。例如，一个节点类（node）的成员又是节点类型的对象，如图 9.13 所示。

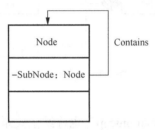

图 9.13 自关联

4）多重性关联（multiple association）：表示两个关联对象在数量上的对应关系。在 UML 中，对象之间的多重性可以直接在关联直线上用一个数字或一个数字范围表示。对象之间可以存在多种多重性关联关系，常见的多重性表示方式如表 9.2 所示。

表 9.2 多重性表示方式

表示	多重性描述
1..1	表示另一个类的对象只与该类的一个对象相关
0..*	表示与该类的零个或多个对象相关的另一个类的对象
1..*	表示另一个类的对象与该类的一个或多个对象有关系
0..1	表示另一个类的对象与该类的对象没有关系或只有一种关系
m..n	表示与该类的零个或多个对象相关的另一个类的对象

（2）聚合关系

聚合关系（aggregation relationship）是一种特殊的关联，它表示整体和部分的关系。通常在定义一个整体类后，再去分析这个整体类的组成结构。

聚合分为以下两种类型。

1）共享聚合（shared aggregation）。如果在聚合关系中处于部分方的对象可同时参与多个处于整体方对象的构成，则该聚合称为共享聚合。图 9.14 为学生和社团的共享聚合。

图 9.14　共享聚合

2）复合聚合（composite aggregation）。如果部分类完全隶属于整体类，部分与整体共存，整体不存在，部分也会随之消失，则该聚合称为复合聚合。图 9.15 为窗口与其组成部分的复合聚合。

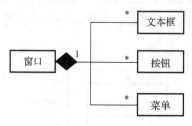

图 9.15　复合聚合

（3）泛化关系

泛化关系（generalization relationship）也称继承关系，用于描述父类与子类之间的关系。父类又称基类或超类，子类又称派生类。在 UML 中，泛化关系用带空心三角形的直线来表示。图 9.16 为入耳式耳机、无线入耳式耳机和有线入耳式耳机的泛化关系实例。

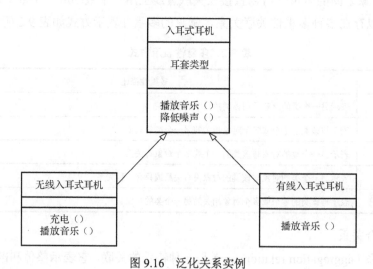

图 9.16　泛化关系实例

（4）依赖关系

依赖关系（dependency relationship）是一种使用关系，特定事物的改变有可能会影响使用该事物的其他事物，在需要表示一个事物使用另一个事物时使用依赖关系。图 9.17 为驾驶员开车时的一种依赖关系。

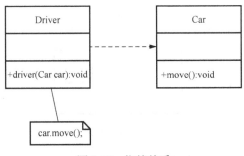

图 9.17　依赖关系

9.4.6　包图

包图（package diagram）是在 UML 中用类似文件夹的符号表示的模型元素的组合。系统中的每个元素都只能为一个包所有，一个包可嵌套在另一个包中。使用包图可以将相关元素归入一个系统。一个包中可包含附属包、图表或单个元素。

包中的元素包括类、接口、组件、节点、协作、用例、图及其他包。一个模型元素不能被一个以上的包拥有。如果包被撤销，那么其中的元素也要被撤销。

UML 中用文件夹符号表示一个包。包由一个矩形表示，包含两栏。每个包必须有一个与其他包相区别的名称。包的命名有两种形式，即简单名和路径名。在一个包中可以拥有各种其他元素，这是一种组成关系。每个包意味着一个独立的命名空间，两个不同的包可以具有相同的元素名。常见的几种包的表示法如图 9.18 所示。

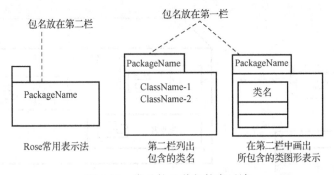

图 9.18　常见的几种包的表示法

9.4.7　构件图

构件图（component diagram）又称组件图，用代码组件来显示代码物理结构。其中，构件可以是源代码组件、二进制组件或一个可执行的组件。因为一个组件包含它所实现的一个或多个逻辑类的相关信息，于是就创建了一个从逻辑视图到组件视图的映射。构件图的组成如下。

1）构件。构件是定义了良好接口的物理实现单元，是系统中可替换的物理部件。一般情况下，构件表示将类、接口等逻辑元素打包而成的物理模块。每个构件必须有一个不同于其他构件的名称。构件的名称和类的名称的命名法则相同,有简单名和路径名之分。构件的表示如图 9.19 所示。

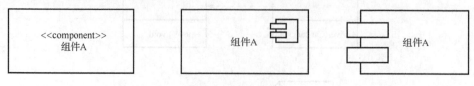

图 9.19　构件的表示

2）接口。在构件图中,构件可以通过其他构件的接口来使用其他构件中定义的操作。通过使用命名的接口,可以避免在系统中各个构件之间直接发生依赖关系,有利于构件的替换。构件图中的接口一般使用一个小圆圈表示。

3）依赖关系。构件有两组接口:供给接口为其他构件提供服务,需求接口使用其他构件提供的服务。因此,构件间的关系就是依赖关系。把提供服务的构件称为提供者,把使用服务的构件称为客户。

9.4.8　部署图

部署图(deployment diagram)用于显示系统中硬件和软件的物理结构。部署图可以显示实际的计算机和设备(节点),同时还有它们之间的必要连接,也可以显示这些连接的类型,如图 9.20 所示。图中显示的节点已经分配了可执行的组件和对象,以显示这些软件单元分别在哪个节点上运行。另外,部署图也可以显示组件之间的依赖关系。

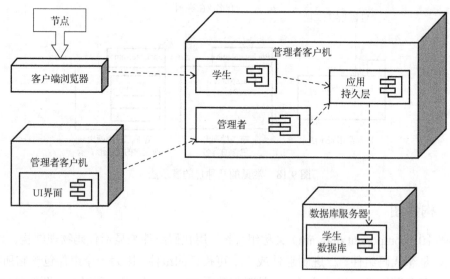

图 9.20　部署图

1. 部署图组成元素

1）节点。一个节点通常被描述成一个立体的盒子,表示一个计算设备,一般是一个单独的硬件设备，如一台计算机、网络路由器、主机等。组件一般被描述为矩形，左侧面还伸出两个较小的矩形。这和 UML 组件图上使用的符号是相同的，它表示软件的中间产物，如文件、框架或领域组件。一个节点上可以部署一个或多个构件，一个构件也可以部署在一个或多个节点上。

2）关联关系。节点之间常见的关系是关联关系，使用一条线连接起来，表示两个节点的连接。

2. 图形符号

部署图中使用的图形符号如图 9.21 所示。

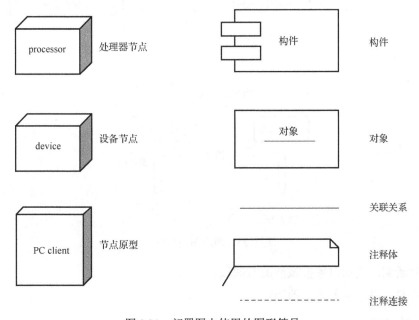

图 9.21　部署图中使用的图形符号

9.4.9　顺序图

顺序图（sequence diagram）又称序列图、时序图，用于显示多个对象的动态协作。顺序图的重点是显示对象之间发送消息的时间顺序。它也显示对象之间的交互，也就是在系统执行时某个指定时间点将发生的事情。顺序图如图 9.22 所示。

顺序图存在两个轴：一个是水平轴，表示不同的对象；一个是垂直轴，表示时间。一个顺序图主要由对象、生命线、激活期（控制焦点）和消息四种元素构成，如图 9.23 所示。

1）对象（参与者）：表示参与交互的对象。

2）生命线：表示对象存在的时间。

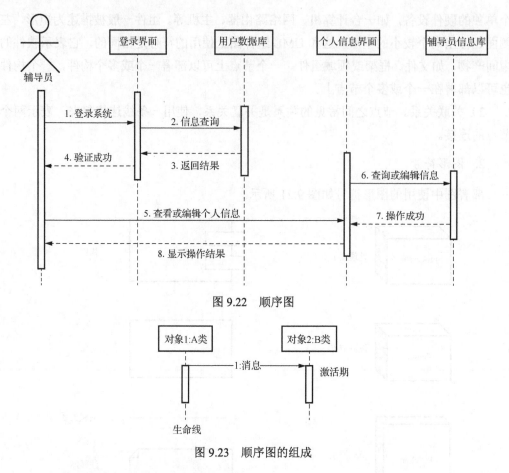

图 9.22　顺序图

图 9.23　顺序图的组成

3）激活期：表示对象被激活的时间段。

4）消息：表示对象之间的通信。

9.4.10　协作图

协作图（collaboration diagram）用于描述互相合作的对象间的交互关系和链接关系。虽然顺序图和协作图都用来描述对象间的交互关系，但是侧重点不一样。顺序图着重体现交互的时间顺序，协作图则着重体现交互对象间的动态连接关系。

协作图中表示了角色之间的关系，通过协作图限定协作中的对象或链。协作是指在一定的语境中一组对象及实现某些行为的对象间的相互作用。

协作图可当作一个对象图来绘制，可显示多个对象及其之间的关系，如图 9.24 所示。协作图中对象之间带箭头的线显示对象之间的消息流向。协作图也可以显示条件、迭代和返回值等信息。当开发人员熟悉消息标签语法之后，就可以读懂对象之间的协作，以及跟踪执行流程和消息交换顺序。协作图也可以包括活动对象，这些活动对象可以与其他活动对象并发地执行。

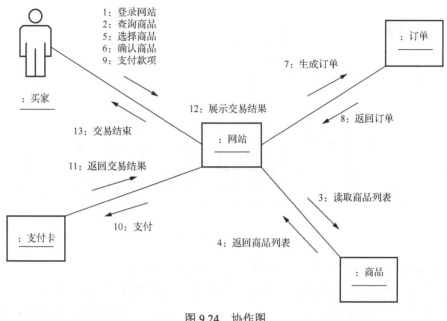

图 9.24　协作图

协作图由对象、消息、链等构成。

1）对象：类的实例。对象的角色表示一个或一组对象在完成目标的过程中所起的部分作用。

2）消息：用来描述系统动态行为，它是从一个对象向另一个或几个对象发送信息，或者由一个对象调用另一个对象的操作。消息由发送者、接收者和活动三个部分组成。

3）链：表示两个或多个对象间的独立连接，是关联的实例。在协作图中，关联角色是与具体语境有关的暂时的类元之间的关系，关系角色的实例也是链。

9.4.11　状态图

一般来说，状态图（state diagram）是对类的描述的补充。它用于显示类的对象可能具备的所有状态及引起状态改变的事件，如图 9.25 所示。一个对象的事件可以是另一个对象向其发送的消息，如到了某个指定的时刻或已经满足了某条件。状态的变化称为转换。一个转换也可以有一个与之相连的动作，后者用于指定完成该转换应该执行的操作。

状态图由状态（圆角矩形）与转换（连接状态的箭头）组成。引起状态改变的触发器或事件沿着转换箭头标识。状态图通常有初始状态和终止状态，分别表示状态机的开始和结束。初始状态用实心圆表示，终止状态用同心实心圆环表示。

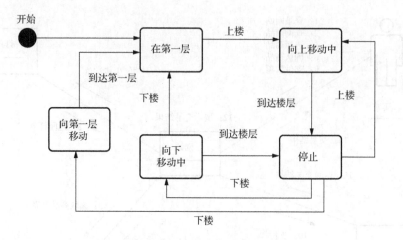

图 9.25   电梯运行状态图示例

状态图的基本元素包括状态、转换、伪状态和复合状态。

1）状态是指在对象生命周期中满足某些条件、执行某些活动或等待某些事件的一个条件和状况。一个状态通常包括名称、进入/退出活动、内部转换、子状态和延迟事件五个部分。

2）转换以箭头显示，描述状态从源状态到目标状态的改变，转换描述引起状态改变的情况。

3）伪状态是指在一个状态机中具有状态的形式，同时具有特殊行为的顶点。它是一个瞬时状态，用于构造转换的细节。当伪状态处于活动时，状态机还没有完成从运行到完成的步骤，也不会处理事件。

4）UML 中的复合状态允许并发的状态，即处在某个状态的对象同时做一个或多个事情。每个组成状态包含一个或多个状态机图的状态，每个图属于一个区域，各区域以虚线分隔，区域内的状态称为组成状态的子状态。

9.4.12   活动图

活动图（activity diagram）用于显示一系列顺序的活动，如图 9.26 所示。尽管活动图也可以用于描述用例或交互活动的流程，但是一般来说，它主要用于描述在一个操作内执行的活动。活动图由多个动作状态组成，后者包含将被执行的活动（即一个动作）的规格说明。当动作完成后，动作状态将会改变，转换为一个新的状态（在状态图内，状态在进行转换之前需要显式标明事件）。于是，控制就在这些互相连接的动作状态之间流动。同时，在活动图中也可以显示决策和条件及动作状态的并发执行。另外，活动图也可以包含被发送或接收的消息的规格说明，这些消息是被执行的动作的一部分。

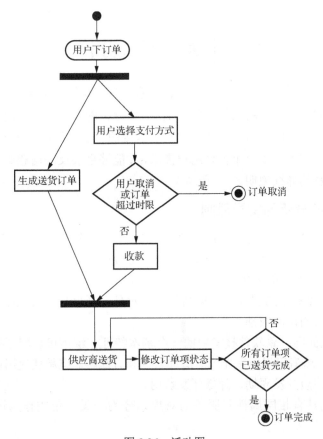

图 9.26　活动图

活动图由活动、活动流、分支与合并、分叉与汇合、泳道和对象流六个要素组成。

1）活动是活动图的主要节点,用两边为弧的条形框表示,中间为活动名。活动分为简单活动和复合活动。简单活动为不能再分解的活动,复合活动是可以再分解的复杂活动。

2）活动流描述活动之间的有向关系,反映一个活动向另外一个活动的转移,用带箭头的实线表示。

3）分支与合并。活动流要根据不同的条件决定转换的去向。分支包括一个入转换和多个出转换,出转换之间是互斥的;合并包括多个入转换和一个出转换。

4）分叉与汇合用来对并发的控制流建模,分叉用于将活动流分为两个或多个并发运行的分支。

5）泳道是活动图中的区域划分,每个泳道代表一个责任区域,指明活动是由谁负责或发起的。一个泳道中包括一组相关活动。

6）对象流反映活动与对象之间的依赖关系,表示对象对活动的作用或活动对对象的影响,用依赖关系表示。

9.5　面向对象分析

面向对象分析是采用面向对象的风格进行系统分析和需求定义的重要方法。面向对象分析需要理解问题空间并将其模型化。面向对象分析的关键是识别出问题领域内的对象，并分析它们相互间的关系，最终建立起问题域的简洁、精确、可理解的正确模型。面向对象的最终目的是产生一个符合用户需求，并能够直接反映问题域和系统责任的面向对象分析模型及其详细说明。

9.5.1　面向对象分析的主要原则

面向对象分析过程要尽可能运用抽象、封装、继承、分类、聚合、关联、消息通信、粒度控制、行为分析等原则完成高质量、高效率的分析。

1）抽象：面向对象的分析中的类就是抽象得到的。

2）封装：隐藏对象的属性和实现细节，仅对外公开接口（方法/函数），控制程序中属性的读和修改的访问级别。

3）继承：是面向对象软件技术中的一个基本特征。继承可以使子类具有父类的非私有属性和方法，或者可以重新定义、追加属性和方法等。继承使复用以前的代码非常容易，能够大大缩短开发周期，降低开发费用。

4）分类：把具有相同属性和服务的对象划分为一类，用类作为这些对象的抽象描述。

5）聚合：聚合的原则是把一个复杂的事物看成若干比较简单的事物的组装体，从而简化对复杂事物的描述。

6）关联：关联又称组装，它是人类思考问题时经常运用的思想方法，通过一个事物联想到另外的事物。能使人发生联想的原因是事物之间确实存在着某些联系。

7）消息通信：这一原则要求对象之间只能通过消息进行通信，而不允许在对象之外直接地存取对象内部的属性。通过消息进行通信是由封装原则引起的。

8）粒度控制：人们在研究一个问题域时既需要微观地思考，也需要宏观地思考。运用粒度控制原则就是引入主题的概念，把面向对象的分析模型中的类，按一定的规则进行组合，形成一些主题，如果主题数量仍较多，则进一步组合为更大的主题，使模型具有大小不同的粒度层次，从而有利于分析员对复杂性的控制。

9）行为分析：在现实世界中，事物的行为是复杂的。由大量的事物所构成的问题域中各种行为往往相互依赖、相互交织。

9.5.2　面向对象分析的主要工作

面向对象分析的主要工作就是通过不断地研究问题域，建立一个能满足用户需求的系统模型。通过分析，可以发现和改正原始陈述中的二义性及不一致性，补充遗漏的内容，从而使需求陈述更完整、更准确。

1. 研究用户需求

1）阅读用户提交的需求文档等一切与用户需求有关的书面材料。

2）了解用户的需求，搞清有关用户需求的疑点。

3）有些需求问题，通过以上途径仍然不能完全明确，则需要到现场进行适当的调查，因为以上资料可能表达得不够准确、清晰。

4）随时记录通过阅读、交流和调查所了解到的内容，更要记录所存在的疑点。

5）纠正初始需求文档中不符合的内容，整理出一份确切表达系统责任的需求文档。

2. 研究问题域

问题域是被开发的应用系统所考虑的整个业务范围。研究问题域的目的有两个：一是进一步明确用户需求；二是建立一个符合问题域情况、满足用户需求的分析模型。

研究问题域包括以下工作要点：①认真听取问题域专家的见解；②亲临现场；③阅读领域相关资料；④借鉴他人经验；⑤确定系统边界。

3. 发现对象方法

1）三视图模型（three view model，3VM）。一个系统的不同三视图模型的构造对于发现对象是非常有用的。

① 实体关系模型。实体一般有可能成为对象，而那些实体的属性则表示成最终要由对象存储的数据。实体间的关系有可能建立关联对象，而关系的基数和条件性则有可能成为维持这些关系的服务。

② 数据流模型。数据流模型有两种常用方法，都是发现对象的有力工具。一种方法是上下文图。用它可以确定系统的边界，上下文图所标识的外部实体表示数据流的源头和目的地。另一种方法就是结构化方法中的数据流图。模型表明，将待开发的系统功能分解为一些基本单元。这些基本单元又可以视为一些详细说明或基本处理说明。这些基本处理说明最后必须对应于对象的方法和服务。

③ 状态变迁模型。状态变迁模型有两种形式。第一种是事件响应模型，它对于发现对象是非常有用的。第二种是在一些特别情况下，为系统建立一个或若干个状态变迁图。

2）语言信息分析，主要方法是短语频率分析。使用这种技术将相关的档案、模型、软件、人员、规格说明书、相关系统的用户手册、打印格式、日志用于语言信息分析技术。短语频率分析的工作方式是对选定的资源文本进行搜索，将可以表示问题域概念的术语标识出来，然后用一个二维表列出对这个问题域进行描述的短语。可以对这些与目的无关的描述短语进行处理。将短语频率分析清单转换到面向对象分析或面向对象设计，其工作表是非常有用的。

4. 定义属性

为了发现对象的属性，首先考虑借鉴以往的面向对象分析的结果，尽可能复用其中同类对象的属性定义。然后，针对本系统应该设置的每类对象，按照问题的实际情况，以系统责任为目标进行正确的抽象，从而找出每类对象应有的属性。

对在上一阶段初步发现的属性，要进行审查和筛选。为此对每个属性提出以下问题。

1）这个属性是否体现了以系统责任为目标的抽象？

2）这个属性是否描述了这个对象本身的特征？

3）该属性是否破坏了对象特征的"原子性"？

4）该属性是否可以通过继承得到？

5）该属性是否可以从其他属性直接导出？

6）属性类型是什么？

5. 定义服务

分析员通过分析对象的行为发现和定义对象的每个服务，但对象的行为规则往往和对象所处的状态有关。

1）对象状态。目前对"对象状态"这个术语的理解和用法不一致，主要定义有以下两种：一种是对象或类的所有属性的当前值，另一种是对象或类的整体行为（如响应消息）的某些规则所能适应的（对象或类的）状况、形态、条件、形式或生命周期阶段。

2）状态转换图。由于对象在不同状态下呈现不同的行为，因此要正确地认识对象的行为并据此定义它的服务，必须分析对象的状态。对行为规则比较复杂的对象都需要做以下工作。

① 找出对象的各种状态。

② 分析在不同的状态下，对象的行为规则有何不同；在发现它们没有区别时，可以将一些状态合并。

③ 分析从一种状态可以转换到哪几种其他状态，以及该对象的什么行为会引起这种转换。

6. 一般-特殊结构

一般-特殊结构是由一组具有一般-特殊关系（继承关系）的类所组成的结构。特殊类之所以称其"特殊"，是因为它具有独特的属性与服务。一般类的某些对象不符合这些条件，使特殊类成为一个较为特殊的概念；而一般类之所以"一般"，是因为它的属性与服务具有一般性，这个类及其所有特殊类的对象都应该具有这些属性与服务，所有这些对象都属于一般类。

7. 整体-部分结构

整体-部分结构反映了对象间的构成关系，它也称聚集关系，用于描述系统中各类对象之间的组成关系。通过它可以看出某个类的对象以另外一些类的对象作为其组成部分。

实现整体-部分结构的方式有以下两种。一种方式是把整体对象中的这个属性变量定义成指向部分对象的指针,或者定义成部分对象的对象标识,运行时动态创建部分对象,并使整体对象中的指针或对象标识指向它。另一种方式是用部分对象的类作为数据类型,静态地声明整体对象中这个代表部分对象的属性变量,这样,部分对象就被嵌入整体对象的属性空间中,形成嵌套对。

9.6　面向对象设计

9.6.1　面向对象设计的概念

面向对象设计强调定义软件对象,并且使这些软件对象互相协作来满足用户需求。面向对象分析的结果可以通过细化直接生成面向对象的设计结果,在设计过程中逐步加深对需求的理解,从而进一步完善需求分析的结果。因此,分析和设计活动是一个反复迭代的过程。

9.6.2　面向对象设计的准则

建立一个针对具体实现的面向对象设计模型,可视为按照设计的准则,对分析模型进行细化。面向对象设计准则包括以下五个方面。

1)抽象。抽象是指强调实体的本质内在的属性,忽略一些无关紧要的属性。可以说,类是一种抽象的数据类型,它用紧密结合的一组属性和操作来表示事物的客观存在。

2)信息隐蔽,封装性。在一个对象类中,封装了一个具体对象的属性和操作,外界只有通过对象类的接口才能访问其属性。

3)高内聚。内聚是衡量一个模块内各个元素彼此结合的紧密程度。在设计时应该力求做到高内聚,提高模块的内聚性,有利于提高系统的独立性。

4)低耦合。耦合主要指不同模块之间相互关联的程度。低耦合有利于降低因为一个模块的改变而对其他模块造成的影响。

5)可重用。重用从设计阶段开始有两个方面的含义:一是尽量使用已有的类,包括开发环境提供的类库和以往开发类似系统时创建的类;二是若确实需要创建新类,则在设计新类协议时,应考虑将来的可重复使用性。

9.6.3　系统设计的过程

面向对象设计系统设计的过程主要按照以下五个步骤进行。

1. 系统分解及组成

系统分解有利于降低设计的难度,便于分工协作和对系统的理解与维护,通常由所提供的功能划分子系统。

2. 问题域子系统的设计

面向对象设计实际上只需对分析阶段的问题域模型做补充或修改，主要是增添、合并或分解类与对象、属性及服务，调整继承关系等。

3. 任务管理子系统的设计

很多对象之间的相互依赖关系会影响不同对象的并发工作，需要确定必须同时动作的对象和相互排斥的对象，然后进一步设计任务管理子系统。

4. 数据管理子系统的设计

在数据管理系统中存储和检索对象的基本结构由数据管理部分提供，包括对永久性数据的访问和管理。可在某种数据存储管理系统上，建立隔离数据管理机构所关心的事项。

5. 人机交互子系统的设计

人机交互设计对用户的使用和工作效率将产生重要影响。子系统之间一般有两种交互方式：客户–供应商关系和平等伙伴关系，尽量使用前者。

习　　题

1．面向对象方法学的优点是什么？
2．面向对象方法学中的类与类之间的关系有哪些？
3．根据下面的描述建立一个图书的对象模型。
一本图书包含一个封面，一个目录，一个前言，若干章，每章有若干节，每节有若干段，每个段落包含若干句子，可选择的插图，可选择的表格，图书的结尾还有一个附录。
4．根据下面的描述建立一个关于"微机"的对象模型。
一台微机包含一个主机、一个显示器、一个键盘、一个鼠标、可选择的汉王笔外部设备。主机包括一个机箱、一个电源、一个主板及存储器等部件。存储器分为固定存储器和活动存储器两种，固定存储器又分为内部存储器（内存）和硬盘，活动存储器又分为软盘和光盘等。
5．面向对象分析阶段要建立哪几种模型？如何建立模型？

第 10 章 软件项目管理

近年来，随着新型信息技术的飞速发展，用户对软件开发的要求越来越高，软件开发过程中很容易出现问题，导致最终产品无法交付或延期交付。究其原因主要是疏于项目管理。项目管理凭借对范围、时间、成本和质量四大核心因素把控的优势，能够使任务过程标准化，减少工作疏漏，并确保资源有效利用，最终使用户满意。

本章按照项目管理知识体系（project management body of knowledge，PMBOK）的十大知识领域组织内容，介绍了其中的七个领域，分别是项目整合管理、项目范围管理、项目进度管理、项目人力资源管理、项目沟通管理、项目干系人管理和项目采购管理的内容。另外三个知识领域（成本管理、质量管理、风险管理）的相关内容放在其他章介绍，即工作量度量在第 4 章介绍，质量管理在第 5 章阐述，软件风险管理在第 11 章阐述。

10.1 软件项目管理概述

10.1.1 软件项目管理的概念

软件项目管理（software project management）是为了使软件项目能够按照既定的成本、进度、质量顺利完成，而对成本、人员、进度、质量和风险进行分析及管理的活动，它是决定软件项目能否高效、顺利进行的基础性工作。

10.1.2 软件项目管理的特点

目前在软件开发过程中面临着很多问题，如开发环境复杂、代码共享困难、程序规模越来越大、软件重用性程度需要提高及软件维护困难等问题。因此，对软件项目的管理就显得尤为重要。软件项目管理的特点主要体现在如下几方面。

1）软件项目涉及的是纯知识产品，其开发进度和质量难以准确估计和度量，生产效率也难以预测和保证，软件项目交付的成果事先不可见。

2）软件项目开发的周期长、复杂度高、变更可能性大。

3）软件需要满足目标客户的期望。软件项目为客户提供的是一种服务，服务质量不仅由最终交付产品决定，更需要客户的体验反馈。

10.2 项目管理知识体系

项目管理知识体系是美国项目管理协会（Project Management Institute，PMI）组织开发的一套关于项目管理的知识体系，它是项目管理专业人员考试的关键材料，为所有的项目管理提供了一个知识框架。项目管理知识体系包括 5 个标准化过程组、10 个知识领域及 47 个模块。项目管理知识领域关系图见表 10.1。

表 10.1　项目管理知识领域关系图

知识领域	过程组				
	启动	规划	执行	控制	收尾
1. 整合管理	1.1 制定项目章程	1.2 项目管理计划的制订	1.3 项目工作的指导与管理	1.4 项目工作监督 1.5 项目总体变更控制	1.6 项目收尾
2. 范围管理		2.1 范围规划管理 2.2 收集需求 2.3 范围定义 2.4 WBS 创建		2.5 范围验证 2.6 范围控制	
3. 进度管理		3.1 进度管理计划 3.2 活动定义 3.3 活动排序 3.4 活动资源估算 3.5 持续时间估计 3.6 制订进度计划		3.7 进度控制	
4. 成本管理		4.1 成本管理计划 4.2 成本估算 4.3 编制预算		4.4 成本控制	
5. 质量管理		5.1 质量管理规划	5.2 质量保证执行	5.3 质量控制	
6. 人力资源管理		6.1 人力资源管理规划	6.2 组建项目团队 6.3 项目团队建设 6.4 项目团队管理		
7. 沟通管理		7.1 沟通管理规划	7.2 沟通管理	7.3 沟通监控	
8. 风险管理		8.1 风险管理规划 8.2 风险识别 8.3 定性风险分析 8.4 定量风险分析 8.5 风险应对计划		8.6 风险监控	
9. 干系人管理	9.1 干系人识别	9.2 干系人参与规划	9.3 干系人参与管理	9.4 干系人参与监控	
10. 采购管理		10.1 采购管理规划	10.2 采购实施	10.3 采购控制	10.4 采购结束管理

10.3　项目整合管理（集成管理）

10.3.1　项目整合管理的定义

项目整合管理（project integration management）是项目成功的关键，它贯穿于项目的全过程（包括项目启动阶段的制定项目章程，规划阶段的制订项目管理计划，执行阶段和控制阶段的指导和管理项目实施、监控项目工作、集成变更控制，项目收尾阶段的结束管理）。在项目整合管理中，"整合"兼具统一、合并、沟通和集成的性质，对受控项目从执行到完成、成功管理干系人期望和满足项目要求都至关重要。这种整合确保了项目的所有因素能在正确的时间聚集在一起成功地完成项目。项目整合管理的目标在于对项目中的不同组成元素进行正确高效的协调，而并不是所有项目组成元素的简单叠加。

10.3.2　项目章程制定的方法

项目章程（project charter）是指项目执行组织高层批准的以书面签署的确认项目存在的正式文件，包括对项目的确认、对项目经理的授权和项目目标的概述。本过程的主要作用是明确项目与组织战略目标之间的直接联系，确立项目的正式地位，并展示组织对项目的承诺。项目章程制定的方法如下。

1. 项目选择方法

为了在有效的时间内产生更大的收益，需要采用一些项目选择方法（project selection method），一般分为效益测定方法和数学模型两类。

2. 项目管理方法系

项目管理方法系（project management methodology）确定了若干项目管理过程组及其有关的子过程和控制职能，所有这些都结合成为一个有机统一整体。

3. 项目管理信息系统

项目管理信息系统（project management information system，PMIS）用的一套系统集成的标准自动化工具。项目管理团队利用项目管理信息系统制定项目章程，在细化项目章程时促进反馈，控制项目章程的变更和发布批准的项目章程。

4. 专家判断

专家判断（expert judgment）经常用来评价制定项目章程所需要的依据。这种判断及专长在本过程中可用于任何技术与管理细节。任何具有专门知识或经过训练的集体或个人都可提供此类专家知识。

10.3.3　项目管理计划制订

项目管理计划（project management plan）是用来协调所有项目计划文件和帮助引导项目的执行与控制。为制订和整合一个完善的项目管理计划，项目经理一定要把握项目集成管理的技术，因为它将用到每个项目管理知识领域的知识。与项目团队和其他利益相关者一起制订一个项目管理计划，能够帮助项目经理引导项目的执行，更好地把握整个项目。

制订项目管理计划的方法如下。

1）专家判断。考虑具备相关专业知识或接受过相关培训的个人或小组的意见。

2）数据收集（data collection）。即可用于本过程的数据收集技术，包括头脑风暴、核对单、焦点小组和访谈。

3）人际关系及团队技能（interpersonal relationships and team skills），是指制订项目管理计划时需要的人际关系与团队技能，如冲突管理、引导、会议管理。

4）会议（meeting）。在本过程中，可以通过会议讨论项目方法，确定为达成项目目标而采用的工作执行方式，以及制定项目监控方式。

10.3.4　项目指导与管理

项目指导与管理执行过程要求项目经理和项目团队采取多种行动执行项目管理计划，完成项目范围说明书中所明确的工作。

项目经理与项目管理团队一起指导计划项目活动的开展，并管理项目内部各种各样的技术和组织接口。项目指导与管理执行过程会直接受到项目应用领域的影响。可交付成果是已列入项目管理计划中并做了时间安排的项目活动，通过项目的具体实施过程必须得到产出的项目成果。收集有关可交付成果完成状况，以及已经完成哪些工作的工作绩效信息，这属于项目执行的一部分，是绩效报告过程的依据。

项目指导与管理执行的成果包括可交付成果、请求的变更、实施的变更请求、实施的纠正措施、实施的预防措施、实施的缺陷补救和工作绩效信息。

10.3.5　项目监控

在一个大型项目中，很多项目经理认为90%的工作是沟通和管理变更。在很多项目中，变更是不可避免的，制定并遵循某个流程以监控变更就显得十分重要。

项目监督工作不仅包括采集、衡量、发布绩效信息，还包括评估度量数据和分析趋势，以确定可以做哪些过程改进。项目小组应持续监测项目绩效、评估项目整体状况和估计需要特别注意的地方。

项目管理计划、工作绩效信息、企业环境因素和组织过程资产是项目监控工作中的重要内容。项目管理计划为确认和控制项目变更提供了基准。基准是批准的项目管理计划加上核准的变更。绩效报告使用这些材料来提供关于项目执行情况的信息，其主要目的是提醒项目经理和项目团队哪些是导致问题产生或可能引发问题的因素。项目经理和项目团队必须持续监控项目工作，以决定是否需要采取修正或预防措施、最佳的行动路线是什么、何时采取行动。

10.3.6　项目整体变更控制

变更控制（change control）的目的是防止配置项被随意修改而导致混乱。集成变更控制是整个软件生命周期中对变化的控制和跟踪。它是通过对变更请求（change request，CR）进行分类、追踪和管理的过程来实现的。集成变更控制过程贯穿项目的始终。由于项目很少会准确地按照项目管理计划进行，因此变更控制必不可少。项目管理计划、项目范围说明书及其他可交付成果只有通过不断地认真管理变更才能得以维持。否决或批准变更请求应保证将得到批准的变更反映到基准之中。

10.3.7　项目收尾

项目收尾（project conclusion）是项目生命周期的最后阶段。对其进行有效的管理有助于在以后的项目中做出正确的决策，通过分析影响项目成功/失败的因素，为以后的项目管理积累经验。

项目收尾一般包括合同收尾和管理收尾两部分。合同收尾是项目管理人员与客户对照合同一项项核对，审核是否完成合同所要求的内容，是否达到合同所提出的指标或条件，也就是通常所讲的客户验收。管理收尾是指为了完成项目产品的验收而进行的项目成果验证和归档，具体包括收集项目记录、确保产品满足商业需求，并将项目信息归档。

项目最后执行结果只有两个状态：成功与失败。评定项目结果是成功还是失败的标准，主要的依据是看项目是否有可交付的成果、项目是否实现预期目标、项目是否达到项目雇主的期望。

10.4　项目范围管理

10.4.1　范围管理概述

项目范围（project scope）是指产生项目产品所包括的所有工作及产生这些产品所用的过程。项目范围包含两个方面的内容：一方面是产品范围（product scope），即所交付的产品或服务应具备的特征和功能，以产品需求为衡量标准；另一方面是项目工作范围（work scope），即为实现要交付的产品或服务而必须完成的工作，以项目管理计划（实际为其中的范围管理计划）是否完成作为衡量标准。

项目范围管理是指对项目包括什么与不包括什么的定义和控制过程，其任务是界定项目包含且只包含所有需要完成的工作。

10.4.2　需求管理

1. 需求管理计划

需求管理计划（requirements management plan）也是范围管理规划的结果，主要包括以下几个方面。

1）如何规划、跟踪和报告各种需求活动。

2）配置管理活动。例如，如何启动产品变更，如何分析其影响，如何进行追溯、跟踪和报告，以及变更审批权限。

3）需求优先级排序过程。

4）产品测量指标及使用这些指标的理由。

5）用来反映哪些需求属性将被列入跟踪矩阵的跟踪结构。

2. 需求收集的方法

1）访谈和调研（interviews and research）。该方法是适用于任何环境的重要、直接的方法之一。访谈的一个主要目标是确保访谈者的偏见或主观意识不会干扰自由地交流。

2）专题讨论会。专题讨论会是一种可用于任何情况的软件需求调研方法。专题讨论会的目的是鼓励软件需求调研，并且在很短的时间内对讨论的问题达成一致。

3）头脑风暴（brain storming）。头脑风暴是一种对于获取新观点或创造性的解决方案而言非常有用的方法。

4）情节串联板（storyboard）。情节串联板是指通过互动的角色扮演来获取需求，借助原型加快需求捕获，突破用户需求盲区。实质上是搞清各种场景下的信息交互及场景间的串联，而不是只关心静态的界面。

5）亲和图（affinity diagram）。亲和图是把大量收集到的事实、意见或构思等语言资料，按其相互亲和性（相近性）归纳整理，使问题明确，求得统一认识和协调工作，以利于问题解决的一种方法。

3. 需求跟踪矩阵

需求跟踪矩阵（requirement traceability matrix，RTM）是一张连接需求与需求源的表格，以便在整个项目生命周期中对需求进行跟踪。

需求跟踪矩阵把每个需求与业务目标或项目目标联系起来，有助于确保每个需求都具有商业价值。它为人们在整个项目生命周期中跟踪需求提供了一种方法，有助于确保需求文件所批准的每项需求在项目结束时都得到实现。

需求跟踪矩阵主要包括：①从需求到业务需要、机会、目的和目标；②从需求到项目目标；③从需求到项目范围/WBS 中的可交付成果；④从需求到产品设计；⑤从需求到产品开发；⑥从需求到测试策略和测试脚本；⑦从宏观需求到详细需求。

10.4.3　工作分解结构

当解决问题过于复杂时，可以将问题分解成容易解决的子问题。在规划软件项目时，从任务分解角度出发，须将一个软件项目分解为更多的工作细目或子项目，使项目变得更小、更易管理、更易操作，从而提高软件项目估算成本、时间和资源的准确度。工作分解是对需求的进一步细化，是最后确定项目所有工作范围的过程。工作分解的结果便是 WBS。

WBS 最低层的工作单元称为工作包，工作包对相关活动进行归类，以便对工作安排进度、进行估算、开展监督与控制工作。在"工作分解结构"这个词语中，"工作"是指作为活动结果的工作产品或可交付成果，而不是活动本身。

1. 创建工作分解结构的步骤

1）识别和分析可交付成果及相关工作。

2）确定 WBS 的结构与编排方法。

3）自上而下逐层细化分解。

4）为 WBS 组件制定和分配标志编码。

5）核实可交付成果分解的程度是否恰当。

2. 工作分解的类型

合理的 WBS 制定应该按照逐层深入的思想，先确定软件项目框架，再逐层向下进行分解。WBS 中的每个具体分解应该标明唯一的编码，编码不仅使工作分解层次清晰，还可以充当项目经理、项目团队及客户代表的共同认知的符号标记。WBS 中的编码与分解结构条目应该具有一一对应的关系。

例如，在盒马生鲜管理信息系统中有如下功能：在入库管理子系统中，实现货物品质检测、冷链储存、复核更新货物信息；在出库管理子系统中，能实现查询货物仓位、冷链包装，以及复核更新货物信息；在物流配送管理子系统中，能实现车队信息管理与考核、订单分配与车辆调配，以及货物跟踪；在订单管理子系统中，能实现订单信息管理、查询和修改，订单信息确认和打印，以及配送单信息管理；在结算数据管理子系统中，能够实现供应商财务结算、客户订单查询与结算，以及员工工资结算；在人力资源管理子系统中，能对人力资源进行规划，人员分配、培养和考核，以及薪酬福利管理；在信息维护子系统中，能够进行用户识别与信息反馈，并对系统进行运行与维护；在企业情报管理子系统中，能够实现企业历史运营数据管理、企业未来决策数据分析。

工作分解可采取清单类型和图表类型两种形式。表 10.2 为盒马生鲜管理信息系统的 WBS 清单类型。

表 10.2 盒马生鲜管理信息系统的 WBS 清单类型

模块级	模块名
1	盒马生鲜管理信息系统
1.1	入库管理
1.1.1	货物品质检测
1.1.2	冷链储存
1.1.3	复核更新货物信息
1.2	出库管理
1.2.1	查询货物仓位
1.2.2	冷链包装
1.2.3	审核更新货物信息
1.3	物流配送管理
1.3.1	车队信息管理与考核
1.3.2	订单分配与车辆调配
1.3.3	货物跟踪
1.4	订单管理
1.4.1	订单信息管理、查询和修改
1.4.2	订单信息确认和打印
1.4.3	配送单信息管理
1.5	结算数据管理
1.5.1	供应商财务结算
1.5.2	客户订单查询与结算
1.5.3	员工工资结算
1.6	人力资源管理
1.6.1	人力资源规划
1.6.2	人员分配、培养和考核
1.6.3	薪酬福利管理
1.7	信息维护
1.7.1	用户识别与信息反馈
1.7.2	系统运行与维护
1.8	企业情报管理
1.8.1	企业历史运营数据管理
1.8.2	企业未来决策数据分析

采用图表类型的任务分解就是进行任务分解时采用图表的形式进行层层分解的方式，如图 10.1 所示。

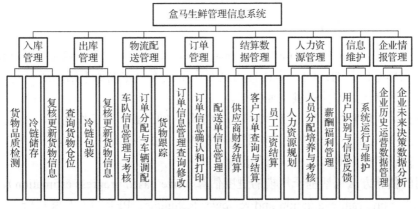

图 10.1 WBS 图表类型

10.5 项目进度管理

10.5.1 活动概述

项目活动定义是确认和描述项目的特定活动，它把项目的组成要素细分为可管理的更小部分，以便更好地管理和控制。通过活动定义可使项目目标进行体现。WBS 是面向可提交物的，WBS 的每个工作包被划分成所需要的任务，活动定义是面向任务的，是对 WBS 做进一步分解的结果，以便清楚应该完成的每个具体任务或提交物需要执行的活动。

1. 活动排序

活动排序（activity sorting）是识别与记载活动之间的关系的过程。活动排序过程包括确认并编制活动间的相关性。活动之间存在相互联系与相互依赖的关系，根据这些关系来安排各项活动的先后顺序。活动只有被正确排序后才能方便日后计划的制订。一般的项目中活动之间存在结束—开始、结束—结束、开始—开始、开始—结束四种关系，如图 10.2 所示。

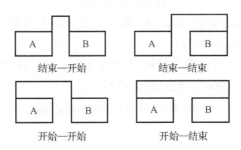

图 10.2 活动之间的关系

10.5.2　活动历时估算

活动历时估算（activity duration estimating）是根据资源估算的结果，估算完成单项活动所需工作时段数的过程。本过程的主要作用是确定完成每个活动所需花费的时间量，为制订进度计划过程提供主要依据。

在进行活动历时估算时，应考虑实际的工作时间（如一周工作几天、一天工作几小时等）、生产率（如 LOC/天等）、项目的人员规模（如多少人月、多少人天等）、有效工作时间、连续工作时间和历史项目等因素。

常用的估算方法包括基于规模的进度估算（size-based progress estimation）、工程评估评审技术（program evaluation and reviewer technique，PERT）、专家判断、类比估算（analogous estimating）、关键路径法（critical path method，CPM）等。

1. 基于规模的进度估算

基于规模的进度估算法是根据项目规模估算的结果来推测进度的方法，是比较基本的估算项目历时的方法，适用于规模比较小的项目。其公式为

$$T = Q / (R \times S)$$

式中，T 表示活动的持续时间，可以用小时、日、周等表示；Q 表示活动的工作量，可以用人天、人月、人年等表示；R 表示人力或设备的数量，可以用人或设备数表示；S 表示开发（生产）效率，以单位时间完成的工作量表示。

【例 10-1】一个软件项目的规模估算是 6 人月，如果有 2 名开发人员，而每个开发人员的开发效率是 1.5，则该项目工期为

$$T=Q/(R \times S)=6/(2 \times 1.5)=2(月)$$

2. 工程评估评审技术

工程评估评审技术主要适用于大型工程。它主要利用网络顺序图的逻辑关系和加权历时估算来计算项目历时，在估计历时存在不确定性时可以采用工程评估评审技术。

在估算项目活动的持续时间时，工程评估评审技术采用三点估计法，即乐观值、悲观值和最可能值。采用加权平均得到持续时间的期望值：

$$E=(O+4M+P)/6$$

式中，O 表示最小估算值：乐观（optimistic）；P 表示最大估算值：悲观（pessimistic）；M 表示最可能估算值（most likely）。

【例 10-2】某活动持续时间的乐观值 O=8workdays，最可能值 M=10workdays，悲观值 P=24workdays，则活动持续时间的期望值为

$$E=(8+4 \times 10+24)/6=12(workdays)$$

3. 专家判断

通过借鉴历史信息，专家判断能提供持续时间估算所需的信息，或者根据以往类似

项目的经验,给出活动历时的上限。专家判断也可用于决定是否需要联合使用多种估算方法,以及如何协调各种估算方法之间的差异。

4. 类比估算

类比估算是一种使用相似活动或项目的历史数据估算当前活动或项目的持续时间或成本的技术。类比估算以过去类似项目的参数值(如持续时间、预算、规模、复杂性等)为基础,估算未来项目的同类参数或指标。

5. 关键路径法

关键路径法是一种运用特定的、有顺序的进度网络图和活动历时估算值,确定项目每项活动最早开始时间(early start,ES)、最早结束时间(early finish,EF)、最晚开始时间(late start,LS)、最晚结束时间(late finish,LF),并制订项目进度网络计划的方法。

关键路径法关注的是项目活动网络中关键路径的确定和关键路径总工期的计算,其目的是使项目工期能够达到最短。因为只有时间最长的项目活动路径完成之后,项目才能完成,所以一个项目中最长的活动路径被称为关键路径。图 10.3 是一个项目的关键路径实例图,实线节点为活动,包括活动名称和活动历时估算值,不难得到,C—E—G 就是一条关键路径,如图 10.3 中加粗线条所示。

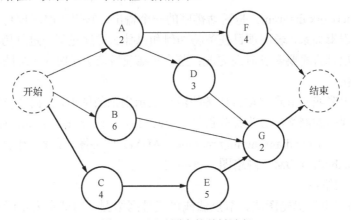

图 10.3　活动图中的关键路径

10.5.3　进度安排方法

软件进度安排(software schedule)的目的是合理控制时间和节约时间,而软件项目的主要特点就是有严格的时间期限要求。图形表示可以简单直观地展现项目的进度计划和工作的实际进展情况的差异、各项任务之间进度的相互依赖关系和资源的使用状况,从而有利于进度管理。一般的软件进度管理安排有以下三种图形表示方法。

1. 甘特图

甘特图（Gantt chart）又称横道图、条形图，是各种任务活动与日历表的对照图。甘特图通过条状图来显示项目、进度，以及其他时间相关的系统进展的内在关系随着时间进展的情况。甘特图可以显示任务的基本信息，使用甘特图能方便地看到任务的工期、开始和结束时间及资源的信息，主要用于对软件项目的阶段、活动和任务的进度完成状态的跟踪。图 10.4 为甘特图。

ID	任务名称	开始时间	完成	持续时间	2021年 3月	4月	5月	6月	7月	8月	9月	10月	11月	12月
1	调研	2021-3-11	2021-4-25	45天	▬									
2	系统需求报告	2021-4-25	2021-4-25	1天		◆								
3	系统分析与设计	2021-4-26	2021-7-15	80天			▬	▬						
4	系统分析设计报告	2021-7-15	2021-7-15	1天					◆					
5	编写代码及单元测试	2021-7-16	2021-11-7	114天						▬	▬	▬		
6	系统软件运行	2021-11-7	2021-11-7	1天									◆	
7	系统测试和系统修改	2021-11-8	2021-12-25	47天									▬	
8	系统测试报告	2021-12-25	2021-12-25	1天										◆
9	系统交付	2021-12-26	2021-12-31	5天										▬

图 10.4　甘特图

2. 网络图

网络图（network diagram）是活动排序的一个输出，它用于展示项目中的各个活动及活动之间的逻辑关系，表明项目任务将如何和以什么顺序进行。进行历时估算时，网络图可以表明项目将需要多长时间完成；当改变某项活动历时时，网络图可以表明项目历时将如何变化。

网络图是用箭线和节点将项目任务的流程表示出来的图形，根据节点和箭线的不同含义，项目管理中的网络图分为优先图法（precedence diagramming method，PDM）网络图、箭线图法（arrow diagramming method，ADM）网络图、条件绘图法（conditional diagramming method，CDM）网络图三种类型。

（1）PDM 网络图

PDM 网络图也称优先图法、节点法或单代号网络图。用节点表示活动，用箭头指明逻辑关系，赋予每个活动一个唯一代号，在节点上标示活动工期。如图 10.5 所示，图中活动 1 是活动 3 的前置任务，活动 3 是活动 1 的后置任务。

图 10.5　PDM 网络图示例

（2）ADM 网络图

ADM 网络图也称箭线图法或双代号网络图。用箭线表示活动，箭线上标注工期；圆圈点代表事件，并赋予唯一代号，表示前一活动结束，后一活动开始；箭线始端的节点称为紧前事件，箭线末端的节点称为紧后事件。图 10.6 为 ADM 网络图示例。

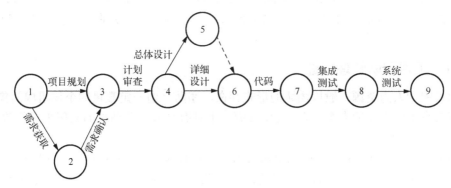

图 10.6　ADM 网络图示例

（3）CDM 网络图

CDM 网络图允许活动序列相互循环与反馈，诸如一个环（如某试验必须重复多次）或条件分支（例如，一旦检查中发现错误，设计就要修改）。实际应用中很少用到此图。

3. 里程碑图

里程碑图（milestone chart）是指使用图表的方式来直观地表达项目里程碑的一种项目管理表格工具。里程碑图有利于就项目的状态与用户和组织的上级进行沟通。图 10.7 为里程碑图示例。

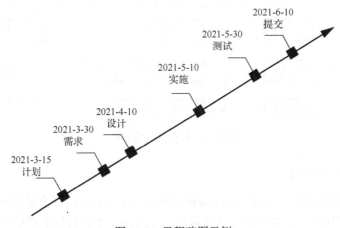

图 10.7　里程碑图示例

10.6　项目人力资源管理

人力资源管理是对项目组织所储备的人力资源开展的一系列科学规划、开发培训、合理调配、适当激励等方面的管理工作，使项目组织各方面人员的主观能动性得到充分发挥。

10.6.1　项目团队管理概述

项目中的人力资源一般以团队的形式存在，团队是由一定数量的个体组成的集合，通过将具有不同潜质的人组合在一起，形成一个具有高效团队精神的队伍来进行软件项目的开发。

项目组织结构（project organization structure）的本质是反映组织成员之间的分工协作关系，设计组织结构的目的是更有效、更合理地将企业员工组织起来，形成一个有机整体，创造更多价值。常见的软件项目团队组织结构主要有以下三种类型。

1.　职能型组织结构

职能型组织结构（functional organization structure）是普遍的项目组织形式，是按职能及职能的相似性划分部门而形成的组织结构形式。这种组织具有明显的等级划分，每个员工都有一个明确的上级。职能型组织结构如图 10.8 所示。

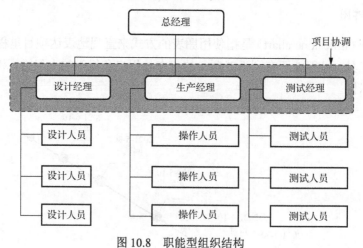

图 10.8　职能型组织结构

2.　项目型组织结构

在项目型组织结构（project organization structure）中，部门完全是按照项目进行设置的，每个项目就如同一个微型公司那样运作。完成每个项目目标所需的所有资源，完全由负责该项目的项目团队统一管理和分配。专职的项目经理对项目团队拥有完全的项目权力和行政权力。项目型组织结构对客户高度负责。项目型组织结构如图 10.9 所示。

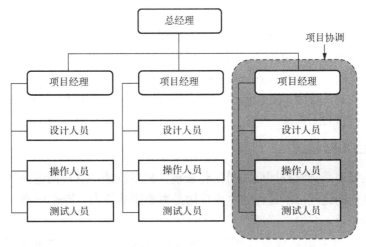

图 10.9　项目型组织结构

3.　矩阵型组织结构

矩阵型组织结构（matrix organization structure）是职能型组织结构和项目型组织结构的结合体。同时有多个规模及复杂程度不同的项目的公司,适合采用矩阵型组织结构。它既有项目结构注重项目和客户的特点,又保留了职能型组织结构中的职能专业技能。矩阵型组织结构中的每个项目及职能部门都有职责协力合作为公司及每个项目的成功做出贡献。矩阵型组织结构如图 10.10 所示。

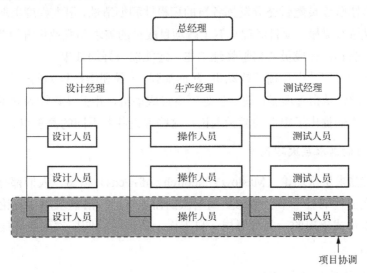

图 10.10　矩阵型组织结构

10.6.2　项目团队组建

组建项目团队时要考虑进度资源的平衡,项目的工作量及所需的技能,人员如何获取，以及人员的性格、经验及团队工作的能力等多种因素，进而选择合适的人员加入项目团队。根据各种因素对团队的不同作用，赋予选择标准不同的权重。

不同权重标准如下：可用性、成本、经验、能力、意识、技能、态度、沟通能力。

工作任务确定、人员招募齐全后，即可安排人员来完成，这就要求项目经理充分了解项目组每个成员的能力、适合做什么事、性格如何、适合和什么样的人配合，从而安排"合适的人，做合适的事"。

10.6.3   项目团队管理

项目团队管理是指跟踪团队成员工作表现，提供反馈，解决问题并管理团队变更，以优化项目绩效的过程。本过程的主要作用是影响团队行为，管理冲突，解决问题，评估团队成员的绩效，并给予激励。

项目经理应该为团队成员分配富有挑战性的任务，并对取得优秀绩效的团队成员进行表彰。此外，项目经理应留意团队成员是否有意愿和能力完成工作，然后相应地调整管理和领导方式。

团队管理应该基于项目资源管理计划、项目文件、工作绩效报告、团队绩效评价、事业环境因素和组织过程资产等已有相关文档和知识。常见的项目团队管理方法有观察和交谈（observation and conversation）、项目绩效评估（performance measurement）、冲突管理（conflict management）、人际关系技能（interpersonal skills）。

10.6.4   项目团队激励

一个项目团队成员能否充分发挥各自的积极性和创造性，很大程度上取决于项目经理如何对团队进行激励。项目经理只有了解项目成员的需求和职业生涯设想，对其进行有效的激励和表扬，让成员心情舒畅地工作，才能取得好的效果。

激励是影响人们的内在需要或动机，从而加强、引导和维持行为的一个反复的过程。在管理学中，激励是指管理者促进、诱导下属形成动机，并引导其行为向特定目标靠近的活动过程。人们提出了很多的激励理论，这些理论各有不同的侧重点。

1. 马斯洛的需求层次理论

马斯洛的需求层次理论（Maslow's hierarchy of needs）指出，人们都有需求，在满足较低需求之前他们甚至不会考虑更高层次的需求。马斯洛需求层次理论认为人类的需求是以层次形式出现的，共分五层，自下而上依次由较低层次到较高层次排列，如图 10.11 所示。

2. 赫茨伯格的双因素理论

赫茨伯格的双因素理论（Hertzberg's two-factor theory）指出人的激励因素有两种。一种是保健因素，包括工资、福利、工作环境及与领导和同事的关系。这些因素并不激励你，但是在得到激励之前首先需要有这些东西。另一种是激励因素，是那些可以实现个人自我价值的因素，包括成就、赏识、提升及发展机遇等。这些因素能够对人们产生更大的激励。

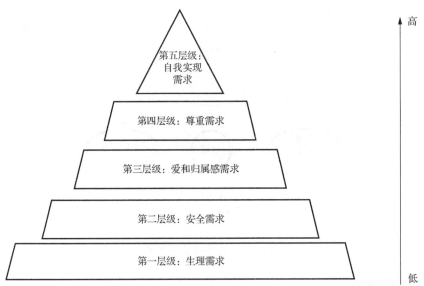

图 10.11　马斯洛的需求层次理论

物质需求是必要的，没有它会导致不满，但即便获得了满足，它的作用也是有限的、暂时的。要调动人的积极性，更重要的是要注意工作的安排，人尽其才，各得其所，注重对人员在精神上的鼓励和认可，注意给人以成长、发展、晋升的机会。赫茨伯格的双因素理论如图 10.12 所示。

图 10.12　赫茨伯格的双因素理论

3．期望理论

期望理论（expectation theory）又称效价-手段-期望理论，是心理学家和行为学家维克托·弗鲁姆（Victor Vroom）提出来的激励理论。弗鲁姆认为，人们在采取某一项行动时，其动力或激励力取决于其对行动结果的价值评价和预期达成该结果可能性的估计。他提出的一个激励过程公式为

$$动力（激励力量）=期望值×效价$$

式中，期望值表示通过某种行为会导致一个预期成果的概率和可能性；效价表示个人对于某一成果的价值估计，当一个人对某目标毫无兴趣时，其效价为零。

期望理论以三个因素反映需要与目标之间的关系，要激励员工，就必须让员工明确工作能提供给他们真正需要的东西；他们追求的东西是和绩效联系在一起的；只要努力工作就会提高绩效。期望理论示意图如图 10.13 所示。

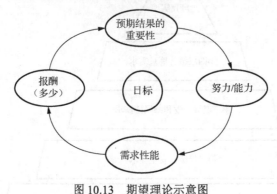

图 10.13　期望理论示意图

10.6.5　绩效管理

绩效（performance）是指员工在一定环境与条件下完成某一任务所表现出的业务素质、工作态度、工作行为和工作结果，不仅体现了员工履行工作职责的程度，还反映了员工能力与其职位要求的匹配程度。

美国组织行为学家约翰·伊万切维奇（John Ivancevich）认为，从组织角度，绩效评估可达到以下八个目的：①为员工的晋升、降职、调职和离职提供依据；②组织对员工的绩效考评的反馈；③评估员工和团队对组织的贡献；④为员工的薪酬决策提供依据；⑤对招聘选择和工作分配的决策进行评估；⑥了解员工和团队的培训及教育的需要；⑦评估培训和员工职业生涯规划的效果；⑧为工作计划、预算评估和人力资源规划提供信息。

绩效评估的过程如下。

1.　确定绩效评估模型

考核指标是对考核内容的具体表述，解决考核什么的问题。指标应有针对性，贵精不贵多、关键不宽泛，内涵要明确清晰，能引导员工朝着正确方向发展。指标权重根据考核内容的重要性确定，指标权重的不同，会导致考核结果的完全不同。权重具有政策导向的作用，会引导被考核者的行为。确定评分标准针对每个考核项目给出打分依据，制定横向统一的考核标准；确保在同一考核项目上，用相同的尺度来衡量所有员工的绩效，保证考核的公平公正。确定业绩指标的上限与下限，明确一定时间内应实现的工作。

2. 实施绩效评估

1）自我评估：由员工本人对照自己的绩效标准，如工作计划、绩效目标等，针对绩效评估模型的每一考核指标，进行自我打分，填写述职表或评估小结。

2）他人评估：一般由上级与人力资源部会同评估，审核自我评估内容，对照绩效标准，听取上级、同事或其他相关人员的意见后进行综合评价。

3. 反馈绩效评估

采用绩效评估意见认可或绩效评估面谈的形式，将绩效评估的意见反馈给被评估者，收集对绩效评估过程及结果的意见，促成双方就评估结果达成共识。

4. 审核绩效评估

人力资源部对所有员工的绩效评估进行审核，处理绩效评估过程中的较大争议与异常情况，根据绩效评估结果及时调整人力资源政策。

10.7　项目沟通管理

10.7.1　沟通管理概述

沟通（communication）是人们分享信息、思想和情感，建立共同看法的过程。沟通主要使互动的双方建立彼此相互了解的关系，相互回应，并且期待能通过沟通相互接纳和达成共识。沟通管理就是确保及时、正确地产生、收集、分发、存储和最终处理项目信息，减少或规避类似错误的发生。

10.7.2　沟通方式

沟通只有是双向的才有效。在沟通的同时，时刻保持着双赢的理念，双方相互信任，积极配合，协作完成工作，更有利于双方快速达成共识，并向着共同的愿景而努力。常见的沟通形式如下。

1）当面沟通（face-to-face communication），它是一种自然、亲近的沟通方式，以声音语言、肢体语言和文字语言全面地传递信息，信息传递快、信息量大，是人际沟通中的主体沟通方式，具有全面、直接、互动、立即反馈的特点。

2）电话沟通（telephone communication），它是在沟通双方不能见面的情况下，借助电话以语音方式进行的沟通。

3）书面沟通（written communication），它是以文字图形为媒介的信息传递和交流，是一种正式的、用于信息留存的沟通方式，包括纸质或电子的信件、报告、通知、备忘录、计划书、方案书、协议合同等。

4）网络沟通（computer-mediated communication），它是指借助网络进行的信息传

递与交流。常见的网络沟通方式有电子邮件、QQ、微信、微博、视频会议，以及专业化的网络协作平台等。

5）会议沟通（meeting communication），它是一种成本较高的沟通技术，沟通的时间一般比较长，因此常用于解决较重大、较复杂的问题。

10.7.3　冲突管理

冲突（conflict）即矛盾，项目冲突即项目中产生的矛盾，项目冲突的产生不可避免。实质上，冲突是指既得利益或潜在利益方面的不平衡。既得利益是指目前所掌控的各种方便、好处、自由，而潜在利益则是指未来可以争取到的方便、好处、自由。

任何事情的发生都是有原因的，冲突也不例外，发生冲突的主要原因包括以下几方面：①项目决策人员对目标的理解不一致；②团队成员专业技能差异；③团队成员职责不明；④项目经理权力不够；⑤项目经理与上级目标偏离；⑥组织管理层级太多。

解决项目冲突需要一定的策略，下面列出了五种主要的策略。

1. 正视

正视（confront）是指直接面对冲突，积极对待，与各方交换意见，充分暴露争议，尽量得到最好、最全面的解决方案，彻底解决问题。此法行之有效的前提是成员关系友善，以工作为重，以诚相待。

2. 妥协

妥协（compromise）是各方势均力敌时各退一步，寻求相互都能接受的调和折中的办法，以避免陷入僵局，停滞不前。由于妥协是暂时和有条件的，在深入触及问题核心之前，不要轻易提出妥协。

3. 调停

调停（mediation）是指为了共同的目标，要求各方协作谦让、求同存异、先易后难，找出意见一致的方面，淡化或避开分歧和差异，不讨论有可能伤感情的话题。调停只能起到缓和作用，并不能彻底解决问题。

4. 回避

对于无关紧要的冲突，可以让其中一方回避（avoidance）或让步；各方情绪过于激动、不够理智，或者立即介入得不偿失时，冷处理不失为明智之举。回避和冷处理都是临时解决问题的方法，冲突还会随时发生，同时也可能进一步发酵成更大的冲突。

5. 强制

强制（coercion）是指实在找不到平衡各方的办法，工作陷入僵局，工期临近而又无法面面俱到时，只好以项目为重，不得已而为，动用项目经理的权威，利用强制手段解决暂时的分歧，但可能会增加冲突的隐患，引发项目组成员之间的抱怨，恶化团队工作氛围。

10.8　项目干系人管理

项目干系人管理（project stakeholder management）是为了了解干系人的需要和期望、解决实际发生的问题、管理利益冲突、促进干系人合理参与项目决策和活动。项目经理正确识别并合理管理干系人的能力，能决定项目的成败。

项目干系人管理包括以下四个过程。

1）干系人识别，尽早识别有哪些干系人。

2）干系人参与规划，制定合适的参与策略。

3）干系人参与管理，根据干系人管理策略引导干系人参与。

4）干系人参与监督，调整干系人参与情况。

每个项目都有干系人，他们会受项目的积极或消极影响，或者能对项目施加积极或消极的影响。有些干系人影响项目工作或成果的能力有限，而有些干系人可能对项目及其期望成果有重大影响。

10.8.1　干系人识别

项目干系人（project stakeholder）也称项目利益相关者，是指所有能影响项目或受项目影响的组织或个人。干系人识别是定期识别项目干系人，分析和记录他们的利益、参与度、相互依赖性、影响力和对项目成功的潜在影响的过程。干系人识别应该基于项目章程、商业文件、项目管理计划、项目文件、协议、事业环境因素和组织过程资产等已有相关文档和知识。常用的干系人识别的方法如下。

1. 干系人分析

干系人分析是系统地收集和分析各种定量与定性信息，以便确定在整个项目中应该考虑哪些人的利益。

2. 文件分析

文件分析是指评估现有项目文件及以往项目的经验教训，以识别干系人和其他支持性信息。

3. 头脑风暴技术

用于识别干系人的头脑风暴技术包括头脑风暴和头脑写作。

10.8.2　干系人参与规划

干系人参与规划（stakeholder participation in planning）是根据干系人的需求、期望、利益和对项目的潜在影响，制定项目干系人参与项目的方法的过程。干系人参与规划应该基于项目章程、项目管理计划、项目文件、协议、事业环境因素和组织过程资产等已有的相关知识和信息。常用的干系人参与规划的方法如下。

1）专家判断。

2）干系人参与度评估矩阵。

3）标杆对照。

4）假设条件和制约因素分析。

5）根本原因分析。

6）优先级排序或分级。

10.8.3　干系人参与管理

干系人参与管理（stakeholder participation in management）是与干系人进行沟通和协作以满足其需求与期望、处理问题，并促进干系人合理参与的过程。本过程的主要作用是让项目经理能够提高干系人的支持，并尽可能降低干系人的抵制。本过程需要在整个项目期间开展。

1．干系人参与管理的方法

干系人参与管理应该基于项目管理计划、项目文件、事业环境因素和组织过程资产等已有相关文档和知识。常用的干系人参与管理的方法如下。

1）专家判断。

2）冲突管理（conflict management）。

3）文化意识（cultural awareness）。

4）谈判（negotiation）。

5）观察和交谈（observation and conversation）。

2．干系人参与管理的注意事项

根据项目干系人参与计划，对不同干系人要采取有区别的参与管理措施。在对干系人参与管理时，应特别注意以下几个方面。

1）尽早以积极的态度面对负面的干系人。

2）让项目干系人满意是项目管理的最终目的。

3）特别注意干系人之间的利益平衡。

4）依靠沟通解决干系人之间的问题。

10.8.4　干系人参与监督

干系人参与监督（stakeholder participation in supervision）是监督项目干系人关系，并通过修订参与策略和计划引导干系人合理参与项目的过程。本过程的主要作用是随着项目进展和环境变化，维持或提升干系人参与活动的效率和效果。本过程需要在整个项目期间开展。

干系人参与监督应该基于项目管理计划、项目文件、工作绩效数据、事业环境因素和组织过程资产等已有相关文档和知识。常用的干系人参与监督的方法如下。

1）备选方案分析。

2）根本原因分析。

3）干系人参与度评估矩阵。

4）人际关系技能。

10.9 项目采购管理

采购（purchase）是指从外界获得产品和服务的完整的采办过程。采购的目的是从外部得到技术和技能，降低组织的固定和经营性成本，把组织的注意力放在核心领域，提高经营的灵活性，降低和转移风险等。

项目采购管理（project purchase management）是指在整个项目过程中从外部寻求和采购各种项目所需资源的管理过程。项目采购管理是为了达到项目范围而从执行组织外部获得以完成工作所需的产品、服务或成果的过程，包括采购计划、编制询价计划、询价、卖方选择、合同管理、合同收尾。软件项目具有规模较大、技术复杂、风险高等特点，并且涉及高科技信息领域，故业主、承包人都必须重视软件项目采购管理。

10.9.1 项目采购规划

采购规划（purchasing planning）是确定哪些项目需求可以从项目组织之外采购产品、服务或成果，以更好地满足某些项目需求，是项目团队在项目实施过程中可以自行满足的过程。它涉及是否需要采购、如何采购、采购什么、采购多少，以及何时采购。自制–外购决策就是组织决定是自己内部生产产品或提供服务，还是从外界购买产品或服务更为有利。

采购管理规划的方法如下。

1）自制或外购分析，这是一种通用的管理技术，用来确定某项工作最好由项目团队自行完成，还是应该通过外部采购来完成。预算制约因素可能影响自制或外购决策。

2）市场调研，包括考察行业情况和供应商能力。

3）交流会，借助与潜在投标人的信息交流会，有利于供应商开发互惠的方案或产品。

10.9.2 项目采购实施

采购实施（purchase implementation）是获取卖方应答、选择卖方并授予合同的过程。本过程的主要作用是通过达成协议，使内部和外部干系人的期望协调一致。在实施采购过程中，项目团队会收到投标书或建议书，并按照事先拟定的选择标准，选择一个或多个有资格履行工作且可接受的卖方。

采购实施过程包括以下几个过程，它们可能相互重叠：采购计划编制、招标计划编制、招标、选择承包商或供应商、合同管理、合同收尾。

招标与投标：通过招标与投标方式来确定开发方或软件、硬件提供商是大型软件项目普遍采用的一种形式。招标与投标的主要过程有招标书编写、广告发布投标人会议召开、投标书/建议书评价、采购谈判。

合同管理：一旦卖方选定，接下来就应该签订采购合同。采购合同中包括条款和条件，也可包括其他条目，如买方就卖方应实施的工作或应交付的产品所做的规定。签订软件项目采购合同时应注意规定项目实施的有效范围、合同的付款方式。

签订软件项目采购合同时，应注意合同变更索赔带来的风险、系统验收的方式和维护期问题。

10.9.3　项目采购控制

采购控制（purchase control）是管理采购关系、监督合同执行情况，并根据需要实施变更和采取纠正措施的过程。在采购控制过程中，需要把适当的项目管理过程应用于合同关系，并且需要整合这些过程的输出，以用于对项目的整体管理。如果涉及多个卖方，以及多种产品、服务或成果，就往往需要在多个层级上开展这种整合。

1. 采购控制方法

1）采购绩效审查：一种结构化的审查，依据合同来审查卖方在规定的成本和进度内完成项目范围和达到质量要求的情况。绩效审查的目标在于发现履约情况的好坏。

2）索赔管理：如果买卖双方不能就变更补偿达成一致意见，甚至对变更是否已经发生都存在分歧，那么被请求的变更就成为有争议的变更。有争议的变更也称索赔、争议或诉求。

在整个合同生命周期中，通常应该按照合同规定对索赔进行记录、处理、监督和管理。谈判是解决所有索赔和争议的首选方法。

2. 采购结束管理

结束采购的一个重要工作就是采购审计。采购审计是指对从采购管理规划过程到采购控制过程的所有采购过程进行结构化审查，其目的是找出合同准备或管理方面的成功经验与失败教训，供本项目其他采购合同或执行组织内其他项目的采购合同借鉴。

采购结束过程还包括一些行政工作，如处理未决索赔、更新记录以反映最后的结果，以及把信息存档供未来使用等。

合同提前终止是结束采购的一个特例。合同可由双方协商一致而提前终止，或者因一方违约而提前终止，或者为买方的便利而提前终止。

习　题

1. 试说明合同是具有法律效力的协议的依据，并举例。

2. 试论述项目的时间管理的相关含义和内容。

3. 说明项目组织结构中职能型组织结构的优缺点。

4. 试论述职能型组织结构和项目型组织结构哪个更适合现代的企业管理。

5. 在沟通计划的准备工作中，关于收集的信息有哪几个方面？

6. 影响项目选择沟通方式方法的因素主要有哪些？

7. 某企业由于业务发展需要，在 2015 年定制开发了一套企业管理系统，通过 8 年的使用，运行稳定。但是在这期间，内部各业务处室的设置发生了很大变化，原有的系统已经无法满足当前业务的需要，该企业在征集了各业务处室的建议之后，决定重新开发一套企业管理系统。为了保证新系统不但能满足当前的需求，而且要具有一定的扩展性和先进性，企业聘请了专业的软件项目管理开发团队来操作设计开发事宜。下列问题需要应用软件项目管理知识进行解答。

1）开发团队认为该项目可以采用增量模型加瀑布模型的开发模式，你认为是否合适？请给出理由。

2）列出影响项目进度的因素，并进行简要说明。

3）在该项目中，某一子系统大约需要 60000 行代码，如果开发小组写完了 30000 行代码，能不能认为他们的工作已经完成了大约 1/2？为什么？

第11章 软件风险分析和管理

11.1 软件风险管理概述

任何项目都存在风险。如果没有科学的风险管理策略，项目在进行中就可能遇到预想不到的麻烦。因此，只有对风险进行科学认知和合理的计划，才能做到主动管控风险，而不被风险控制。

11.1.1 风险的定义

不同组织对风险有不同的定义：美国项目管理协会将风险定义为与项目相关的若干不确定性事件或条件，一旦发生，将会对项目目标的实现产生正面或负面的影响。美国软件工程研究所（Software Engineering Institute，SEI）将风险定义为损失的可能性。

风险既是损失的不确定性，又是给定情况下一定时期可能发生的各种结果间的差异。它是对潜在的可能发生损害的一种度量，风险的结果会对项目产生有害的或负面的影响。

软件项目风险（software project risk）是一种特殊形式的风险，是指在软件开发过程中及由软件产品本身可能造成的伤害或损失。由于在软件项目的开发过程中要使用一些新技术、新产品，同时由于软件系统本身的结构和技术复杂性的原因，需要投入大量人力、物力和财力，这就造成在开发过程中存在一些"未知量""不确定因素"。这些"未知量""不确定因素"将给项目的开发带来一定程度的风险。

软件项目风险会影响项目的实施，如果风险发生，就有可能影响项目的进度，导致软件质量下降，增加项目成本，甚至使软件项目失败或不能完全实现。如果对项目进行风险管理，就可以最大限度地减少风险的发生。因此，对项目风险进行科学、准确的识别、分析、应对和监控是十分必要的。

11.1.2 风险的分类

1. 从范围角度分类

从范围角度分类，风险主要分为五种类型：商业风险（business risk）、项目风险（project risk）、技术风险（technology risk）、过程风险（process risk）、产品风险（product risk）。

1）商业风险。商业风险是指与管理或市场所加诸的约束相关的风险，主要包括市场风险、策略风险、管理风险和预算风险等。例如，如果开发的软件不是市场真正所想要的，就表示发生了市场风险；如果开发的软件不符合公司的软件产品策略，就表示发生了策略风险；如果重点转移或人员变动而失去上级管理部门的支持，就表示发生了管理风险；如果没有得到预算或人员的保证，就表示发生了预算风险。

2）项目风险。项目风险是指潜在的预算、进度、个人（包括人员和组织）、资源、用户和需求方面的问题。例如，时间和资源分配的不合理、项目计划质量的不足、项目管理原理使用不良、资金不足、缺乏必要的项目优先级等所导致的风险。项目的复杂性、规模的不确定性和结构的不确定性也是构成管理风险的因素。

3）技术风险。技术风险是指与待开发软件的复杂性及系统所包含技术的"新奇性"相关的风险，如潜在的设计、实现、接口、检验和维护方面的问题。规格说明的多义性、技术上的不确定性、技术陈旧及"过于先进"的技术等都是技术风险因素。复杂的技术，以及在项目执行过程中使用技术标准或行业标准发生变化所导致的风险也是技术风险。技术风险会威胁要开发的软件质量及交付时间。如果技术风险变成现实，则开发工作可能变得很困难或不可能。

4）过程风险。过程风险是指与软件过程被定义的程度及它们被开发组织遵守的程度相关的风险，如计划、人员分配、跟踪、质量保证和配置管理。在工程活动中可能会发现过程风险，如需求分析、设计、编码和测试。计划是风险评估中常见的管理过程风险。开发过程风险是常见的技术过程风险。

5）产品风险：这类风险包括中间及最终产品特征。产品风险主要是技术责任风险。

2. 从预测角度分类

从预测角度分类，风险可分为以下三种类型。

1）已知风险（known risk）。已知风险是指通过仔细评估项目计划、开发项目的商业及技术环境，以及其他可靠的信息来源（如不现实的交付时间、没有需求或软件范围的文档、恶劣的开发环境）之后可以发现的风险。

2）可预测风险（predictable risk）。可预测风险是指能够从过去项目的经验中推测出来的风险（如人员调整、与客户之间无法沟通等）。

3）不可预测风险（unpredictable risk）。不可预测风险是指可能、也许会真的出现，但很难事先识别出来的风险。

项目管理者只能对已知和可预测风险进行规划，不可预测的风险只能靠企业的能力来承担。

11.1.3　风险的性质

人们对风险的普遍观点是：风险是结果的不确定性，风险是损失发生的可能性，风险是结果与实际期望的偏离，风险是受伤害或损失的危险，等等。上述观点实际上从不同的角度揭示了风险的某些性质，风险的基本性质如下所述。

1. 客观性

风险的客观性（objectivity）主要表现在风险的存在不以人的意志为转移，决定风险的各因素对风险主体也是独立存在的，即无论风险主体是否意识到风险的存在，风险都可能转变为现实。

2. 损害性

风险的损害性（damage）是指一旦风险发生，则风险主体将会产生挫败和损失，这对风险主体是有损害的。因此，在项目进行的过程中应该做好计划，尽量降低和避免风险，将其损害性降到最低。

3. 不确定性

风险的不确定性（uncertainty）是指风险发生的程度是不确定的，风险发生的时间、地点也是不确定的。由于风险主体对客观世界的认知可能受到各种条件的限制，因此不可能准确地预测出不确定性的风险。

4. 转换性

风险的转换性（convertibility）是指风险不是一成不变的，在一定条件下是可以转换的。风险可能转换为非风险，非风险也可能转换为风险。

5. 相对性

风险的相对性（relativity）是指相同的风险对于不同的风险主体的影响是不同的。例如，50 万元的风险损失对于资产上亿元的企业和新成立的资产仅百万元的公司带来的影响是不同的。

6. 对称性

风险的对称性（symmetry）是相对风险事件可能带来的利益而言的。高利益隐藏着高风险，高风险可能带来高利益。风险是利益的代价，利益是风险的回报，要实现利益必须承担与之相应的风险。

11.1.4 风险管理

风险管理（risk management）是在项目进行过程中不断对风险进行识别、评估、制定策略和监控风险的过程，它被认为是控制大型软件项目风险的最佳实践。

作为一个优秀的风险管理者应该采取主动风险管理策略，而不是弥补和解决了多少问题（风险未被及时识别或妥善处理，就会转换成问题），即着力预防和消灭风险根源的管理策略，而不应该采取被动的方式。被动风险管理策略是直到风险变成真正的问题时，才会抽出资源来处理它们，更有甚者，软件项目组对风险不闻不问，直到发生了错误才赶紧采取行动，试图迅速地纠正错误。这种管理模式常常被称为"救火模式"。当补救的努力失败后，项目就处在真正的危机之中。主动风险管理策略的目标是预防风险。但是，因为不是所有的风险都能够预防，所以项目组必须制订一个应对意外事件的计划，使其在必要时能够以可控的及有效的方式做出反应。

只有进行很好的风险管理，才能有效地控制项目的成本、进度、产品需求等，同时可以阻止意外的发生，即使意外出现，也可以降低风险的程度。这样项目经理可以将精力更多地放到项目的及时提交上，不用像救火队员一样处于被动状态。

风险管理实际上就是贯穿于项目开发过程中的一系列管理步骤。风险管理包括六个基本过程：风险规划（risk planning）、风险识别（risk identification）、定性风险分析（risk qualitative assessment）、定量风险分析（risk quantitative assessment）、风险应对策略（risk response planning）、风险监控（risk monitoring）。

1）风险规划：制订风险管理计划，指导如何实施、开展项目的风险管理活动。

2）风险识别：识别项目中的风险事件。

3）定性风险分析：为全部已识别的风险排列优先顺序。

4）定量风险分析：针对高风险，量化概率和影响。

5）风险应对策略：对已经识别的风险进行定性分析、定量分析和风险排序，制定相应的应对措施和整体策略，提高项目目标的达成度，降低风险威胁。

6）风险监控：跟踪已识别风险、监视残余风险、识别新风险，以及评估风险过程的有效性。

11.2　风险规划

项目管理永远不能消除所有的风险，但是通过一定的风险规划并采取必要的风险控制策略常常可以消除特定的风险事件。风险规划是定义如何实施项目风险管理活动的过程。本过程的主要作用是确保风险管理的程度、类型和可见度与风险及项目对组织的重要性相匹配。风险规划的主要任务就是得到风险管理计划。可以根据项目管理计划、项目章程、干系人登记册、约束条件和历史经验等信息，制订风险管理计划。

风险规划是针对风险分析的结果，为提高实现项目目标的机会并降低风险带来的负面影响而制定风险应对策略和应对措施的过程，即通过制定一系列的行动和策略来应对、减少以至消灭风险事件。风险规划是规划和设计如何进行风险管理活动的过程，包括界定项目组织及成员风险管理的行动方案、选择合适的风险管理方法、确定风险判断的依据。

风险规划通常包含以下内容：风险管理战略、角色与职责、预算、时间安排、风险类别、干系人风险偏好、风险概率和影响定义、概率和影响矩阵、报告格式、跟踪。

11.3　风险识别

风险识别又称风险辨识，是指寻找可能影响项目的风险及确认风险特性的过程。风险识别的目标是辨识项目面临的风险，揭示风险和风险来源，以文档及数据库的形式记录风险。风险识别要识别内在风险及外在风险。

风险识别包括确定风险的来源、风险产生的条件，描述风险特征和确定哪些风险事件有可能影响本项目。每一类风险可以分为两种不同的情况：一般性风险和特定性风险。对于每个软件项目而言，一般性风险是一个潜在的威胁。只有对当前项目的技术、人员及环境非常了解的人才能识别出特定性风险。为了识别特定性风险，必须检查项目计划及软件范围说明，从而了解本项目中有什么特性可能会威胁到项目计划。一般性风险和特定性风险都应该被系统化地标识出来。

风险识别是一个反复进行的过程，因为在项目生命周期中，随着项目的进展，新的风险可能产生或为人所知。反复的频率及每轮的参与者因具体情况而异，应该采用统一的格式对风险进行描述，确保对每个风险都有明确和清晰的理解，以便有效支持风险分析和应对。

11.3.1　风险识别的方法

风险识别常用的方法包括风险条目检查表（risk entry checklist）、德尔菲法、头脑风暴法、情景分析法（scenario analysis）、态势分析法（superiority weakness opportunity threats，SWOT）。除此之外，风险识别还有很多其他的方法，如流程图法、因果图法、现场观察法、假设分析法、文档审查法和环境分析法等。

1. 风险条目检查表

风险条目检查表是常用且比较简单的风险识别方法。这个检查表一般根据风险要素进行编写，它是利用一组问题来帮助管理者了解项目在各个方面有哪些风险。在风险条目检查表中，列出一些可能的与每个风险因素有关的问题，使风险管理者集中来识别常见的、已知的和可预测的风险，如产品规模风险、依赖性风险、需求风险、管理风险及技术风险等。风险条目检查表可以以不同的方式组织，通过判定分析或假设分析，给出这些问题的答案，就可以帮助管理人员或计划人员估算风险的影响。

2. 德尔菲法

德尔菲法又称专家调查法，是组织专家就某一专题达成一致意见的一种信息收集技术。作为一种主观、定性的方法，德尔菲法广泛应用于需求收集、评价指标体系的建立、具体指标的确定及相关预测领域。它起源于 20 世纪 40 年代末期，最初由美国兰德公司使用，很快就在世界上盛行起来，目前德尔菲法已应用于经济、工程技术等各领域。我们在进行成本估算时也用到了这个方法。使用德尔菲法进行项目风险识别的过程是：由项目风险小组选定与该项目有关的领域专家，并与这些适当数量的专家建立直接的函询联系，通过函询收集专家意见，然后加以综合整理，再匿名反馈给各位专家，再次征询意见，这样反复经过四五轮，逐步使专家的意见趋向一致，作为最后预测和识别的根据。

3. 头脑风暴法

头脑风暴法是以专家的创造性思维来获取未来信息的一种直观预测和识别方法。此法是由亚历克斯·奥斯本（Ales Osborn）于 1939 年首创的，从 20 世纪 50 年代起就得到了广泛应用。头脑风暴法一般在一个专家小组内进行，通过专家会议，激发专家的创造性思维来获取未来信息。这要求主持专家会议的人在会议开始时的发言应能激起专家的思维"灵感"，促使专家感到急需和本能地回答会议提出的问题，通过专家之间的信息交流和相互启发，从而诱发专家产生"思维共振"，以互相补充并产生"组合效应"，获取更多的未来信息，使预测和识别的结果更准确。

4. 情景分析法

情景分析法是根据项目发展趋势的多样性，通过对系统内外相关问题的系统分析，设计出多种可能的未来前景，然后用类似撰写电影剧本的手法，对系统发展态势做出自始至终的情景和画面的描述。当一个项目持续的时间较长时，往往要考虑各种技术、经济和社会因素的影响，对这种项目进行风险预测和识别，这时可用情景分析法来预测和识别其关键风险因素及其影响程度。

5. SWOT

SWOT 从项目的优势（superiority）、劣势（weakness）、机会（opportunity）和威胁（threats）出发，对项目进行考查，把产生于内部的风险都包括在内，从而更全面地考虑风险。首先，从项目、组织或一般业务范围的角度识别组织的优势和劣势；然后，通过 SWOT 识别出由组织优势带来的各种项目机会，以及由组织劣势引发的各种威胁。这一分析也可用于考查组织优势能够抵消威胁的程度，以及机会可以克服劣势的程度。

11.3.2　风险识别的结果

1. 风险登记册

风险登记册（risk register）记录用于已识别单个项目风险的详细信息。随着实施定性风险分析、规划风险应对、实施风险应对和监督风险等过程的开展，这些过程的结果也要记入风险登记册。风险登记册可能包含有限或广泛的风险信息，这取决于具体的项目变量（如规模和复杂性）。风险登记册的编制始于风险过程识别，然后供其他风险管理过程和项目管理过程使用并完善。当完成风险识别时，风险登记册包括以下内容。

1）已识别风险清单。对已识别风险进行尽可能详细的描述。可采用结构化的风险描述语句对风险进行描述。

2）潜在应对措施清单。在识别风险过程中，有时可以识别出风险的潜在应对措施。这些应对措施（如果已经识别出）是风险应对过程的依据。

3）潜在风险责任人。如果已在识别风险过程中识别出潜在的风险责任人，就要把该责任人记录到风险登记册中，随后将由实施定性风险分析过程进行确认。

2. 风险报告

风险报告（risk report）提供关于整体项目风险的信息，以及关于已识别的单个项目风险的概述信息。在项目风险管理过程中，风险报告的编制是一项渐进式的工作。随着实施定性风险分析、实施定量风险分析、规划风险应对、实施风险应对和监督风险过程的完成，这些过程的结果也需要记录在风险登记册中。在完成风险识别过程时，风险报告可能包括以下内容。

1）整体项目风险的来源。

2）关于已识别单个项目风险的概述信息。

3．项目文件更新

项目文件更新（project file update）的内容如下。

1）假设日志。在风险识别过程中可能做出新的假设，识别出新的制约因素，或者现有的假设条件或制约因素可能被重新审查和修改。此时应该更新假设日志，记录这些新信息。

2）问题日志。应该更新问题日志，记录发现的新问题或当前问题的变化。

3）经验教训登记册。为了改善后期阶段或其他项目的绩效，应更新经验教训登记册，记录关于行之有效的风险识别技术的信息。

11.4　风险评估

风险评估（risk assessment）是对风险影响力进行衡量的活动。风险评估针对识别出来的风险事件做进一步分析，对风险发生的概率进行估计和评价，对项目风险后果的严重程度进行估计和评价，对项目风险影响范围进行分析和评价，以及对于项目风险发生时间进行估计和评价。它是衡量风险发生的概率和风险对项目目标影响程度的过程。通过对风险及风险的相互作用的估算来评价项目可能结果的范围，从成本、进度及性能三方面对风险进行评价，确定哪些风险事件或来源可以避免，哪些可以忽略不考虑（包括可以承受），哪些要采取应对措施。

风险评估的方法包括定性风险分析和定量风险分析。

11.4.1　定性风险分析

定性风险分析主要是针对风险发生的概率及后果进行定性的分析，如采用历史资料法、概率分布法、风险后果估计法等。历史资料法主要是应用历史数据进行分析的方法，通过同类历史项目的风险发生情况，进行本项目的估算。概率分布法主要是按照理论或主观调整后的概率进行评估的一种方法。另外，可以对风险事件后果进行定性的分析，按其特点划分为相对的等级，形成一种风险评价矩阵，并赋以一定的加权值来定性地衡量风险大小。

根据风险事件发生的概率度，风险事件发生的可能性定性地分为若干等级。风险概率值介于 0（不可能）～1（确定）。因此，采用定性的方法可以把风险概率归纳为"非常低""低""中等""高""非常高"五类，或者更简单地归纳为"高""中""低"三类。如表 11.1 所示，将风险发生的概率分为五个等级。

表 11.1　风险发生概率的定性等级

等级	等级描述
A	非常高
B	高
C	中等
D	低
E	非常低

对于风险的影响，也就是风险对项目造成的后果，按照严重性，也可以归纳为"非常低""低""中等""高""非常高"五类，或者"高""中""低"三类，或者"可忽略的""轻微的""严重的""灾难性的"四类。如表 11.2 所示，将风险后果的影响程度分为四个等级。

表 11.2　风险后果影响的定性等级

等级	等级描述
I	灾难性的
II	严重的
III	轻微的
IV	可忽略的

确定了风险的概率和影响后，风险分析的最后一步就是确定风险的综合影响结果。它是根据对风险概率和影响的评估得出的，可以将上述两个因素按照等级编制成矩阵，以形成风险概率影响矩阵。表 11.3 是将风险发生概率按照五个等级划分、风险后果影响按照四个等级划分形成的，从而把风险的综合结果分成四类。

表 11.3　风险概率影响矩阵

风险发生概率	风险后果影响			
	灾难性的	严重的	轻微的	可忽略的
非常高	高	高	中等	中等
高	高	高	中等	低
中等	中等	中等	低	低
低	中等	低	无	无
非常低	低	无	无	无

当然，风险评估指数矩阵可以采用更为简单的方法。表 11.4 给出一种简易风险评估表。其中，风险发生的概率分为高、中等、低三个等级，风险后果的影响也分为高、中等、低三个等级。

表 11.4　简易风险评估表

风险发生概率	风险后果影响		
	高	中等	低
高	高	高	中等
中等	高	高	中等
低	低	低	低

11.4.2　定量风险分析

定性风险分析能让人们对项目风险有大致了解，可以了解项目的薄弱环节。但是，有时需要了解风险发生的可能性到底有多大，后果到底有多严重等。要寻找这些问题的答案，就需要对风险进行定量的分析。

定量风险分析是广泛使用的管理决策支持技术。一般情况下，定量风险分析是在定性评估的逻辑基础上，给出各个风险源的量化指标及其发生概率，再通过一定的方法合成，得到系统风险的量化值。并非所有的项目都需要实施定量风险分析。能否开展稳健的分析取决于是否有关于单个项目风险和其他不确定性来源的高质量数据，以及与范围、进度和成本相关的扎实项目基准。

定量风险分析通常需要运用专门的风险分析软件，以及编制和解释风险模式的专业知识，还需要额外的时间和成本投入。定量风险分析包括以下几种方法。

1.　访谈

访谈（interview）技术用于量化对项目目标造成影响的风险概率和后果。采用邀请以前参与过与本项目类似项目的专家，这些专家通过他们的经验做出风险度量，其结果相当准确和可靠，有时甚至比通过数学计算与模拟仿真的结果还要准确和可靠。如果风险损失后果的大小不容易直接估算出来，则可以将损失分解为更小的部分，再对其进行评估，然后将各部分评估结果累加，形成一个合计评估值。

2.　盈亏平衡分析

盈亏平衡分析（break-even analysis）就是要确定项目的盈亏平衡点。在平衡点上收入等于成本，此点用以标志项目不亏不赢的开发量，用来确定项目的最低生产量。因此，盈亏平衡点表达了项目生产能力的最低允许利用程度。盈亏平衡点越低，项目盈利的机会就越大，亏损的风险越小。因此，该点表达了项目生产能力的最低容许利用程度。

参照水准是一种对风险评估的不错工具。例如，成本、性能、支持和进度就是典型的风险参照系，成本超支、性能下降、支持困难、进度延迟等都有一个导致项目终止的水平值。如果风险的组合所产生的问题超出一个或多个参照水平值，就终止该项目的工作。在项目分析中，风险水平参考值由一系列的点构成，每个单独的点被称为参照点或临界点。如果某风险落在临界点上，则可以利用性能分析、成本分析、质量分析等来判断该项目是否继续工作。

3. 决策树分析

决策树分析（decision tree analysis）是一种形象化的图表分析方法，提供项目所有可供选择的行动方案，以及行动方案之间的关系、行动方案的后果及发生的概率，为项目管理者提供选择最佳方案的依据。决策树分析采用损益期望值（expected monetary value，EMV）作为决策树的一种计算值。它将特定情况下可能的风险造成的货币后果和发生概率相乘，得出一种期望的损益。

决策树的分支或代表决策或代表偶发事件。决策树是对实施某计划的风险分析。它用逐级逼近的计算方法，从出发点开始不断产生分支以表示所分析问题的各种发展可能性，并以各分支的损益期望值中的最大者（如果求极小，则为最小者）作为选择的依据。

例如，图 11.1 描述了对实施某计划风险分析的决策树示例图。从图 11.1 中可知，实施计划后有 70%的概率成功和 30%的概率失败。成功后有 30%的概率是项目有高性能的回报 outcome=550000，同时有 70%的概率是项目亏本的回报 outcome=-100000，项目成功的 EMV=（550000×30%-100000×70%）×70%=66500，项目失败的 EMV=-60000，则实施项目后的 EMV=66500-60000=6500，而不实施该计划的 EMV=0。得到的结论是可以实施该项目计划。

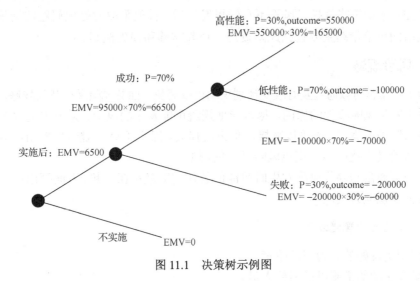

图 11.1　决策树示例图

4. 模拟法

模拟法（simulation method）是运用概率论及数理统计方法来预测和研究各种不确定因素对软件项目投资价值指标影响的一种定量分析。通过概率分析，可以对项目的风险情况做出比较准确的判断。例如，蒙特卡罗（Monte Carlo）技术，大多模拟项目日程表是建立在某种形式蒙特卡罗分析基础上的。这种技术往往由全局管理所采用，是对项目预演多次以得出计算结果的数据统计。

5. 敏感性分析

敏感性分析（sensitive analysis）的目的是考查与软件项目有关的一个或多个主要因素发生变化时对该项目投资价值指标的影响程度。通过敏感性分析，可以了解和掌握在软件项目经济分析中，由于某些参数估算的错误，或者使用的数据不可靠而可能造成的对投资价值指标的影响程度，有助于我们确定在项目投资决策过程中需要重点调查研究和分析测算的因素。

敏感性分析的典型表现形式是龙卷风图。龙卷风图是在敏感性分析中用来比较不同变量的相对重要性的一种特殊形式的条形图。在龙卷风图中，纵轴代表处于基准值的各种不确定因素，横轴代表不确定因素与所研究的输出之间的相关性。

11.5 风险应对策略

针对不同类型的风险需要采取相应策略来降低或避免风险造成的损失。通过一定的风险策略，采取必要的风险控制策略可以消除特定的风险事件。风险策略包括主动策略和被动策略。主动策略以预防为主，识别主要风险项，制订风险管理计划，对风险进行化解和监控；被动策略是指当风险不利结果发生后，被迫采取的处理问题的措施。消极风险或威胁的风险策略主要包括风险规避、风险转移和损失控制。

11.5.1　风险规避

风险事件常常可以通过及时改变计划来制止或避免。回避风险又称替代战略，是指通过分析找出发生风险事件的原因，尽可能地规避可能发生的风险，采取主动放弃或拒绝使用导致风险的方案，这样可以直接消除风险损失，回避风险。风险规避（risk aversion）意味着将风险最小化或尽量避免风险带来的影响。

风险规避通常与寻找风险发生时可能的替代方案联系在一起。下面列出风险相对应的表现特征及规避方案。

1. 人员流失的规避方案

1）采用更友好的人力资源政策。

2）采取主动的措施以便留住人员。

3）让更多的人掌握有关的技术，以便降低对特定人员的依赖程度。

4）更好的待遇。

5）在签订项目之前就确定所需的技能。

6）加大培训方面的投入。

2. 需求频繁变动的规避方案

1）进行专门的合同评审。

2）出台良好的变更控制机制。

3）严格执行配置管理。

4）建立良好的客户关系。

3. 项目的变化的规避方案

1）在进行变化之前查阅以往的记录。

2）在进行变化之前征求专家意见。

3）通过软件重用降低返工的代价。

4）事先对有关细节进行试验。

11.5.2　风险转移

风险转移（risk transfer）是指为了降低或避免风险损失，而有意识地将损失转嫁给另外的组织或个人承担。例如，将有风险的一个软件项目分包给其他分包商，或者通过免责合同等说明不承担后果。

风险转移也可称为风险转嫁策略，是针对某些种类风险的有效对策。风险转移策略几乎总需要向风险承担者支付风险费用。风险转移可以将自己不擅长的或自己开展风险较大的一部分业务以出售或外包的方式委托他人帮助开展，将力量集中在自己的核心业务上，从而有效地转移风险。同时，可以利用合同将具体风险的责任转移给另一方，但将技术风险转嫁给销售商又可能造成一定的成本风险。

11.5.3　损失控制

损失控制（loss control）是指风险发生前消除风险可能发生的根源，并降低风险事件发生的概率，在风险事件发生后减少损失的程度。损失控制的基本点在于消除风险因素和减少风险损失。例如，为了避免因自然灾害造成的后果，在一个大的软件项目中考虑异地备份来进行损失控制。如果一个系统有问题，则可以启动另外一个系统。又如，有一个软件集成项目中包括设备，并且计划在部署阶段之前设备必须到位，这些设备可以从厂家直接进货。根据目的不同，损失控制分为损失预防和风险减缓。

1. 损失预防

损失预防（loss prevention）是指风险发生前为了减少或消除可能引起风险的各种因素而采取的各种具体措施，制订预防性计划以降低风险发生的概率。预防性计划包括针对一个确认的风险事件的预防方法及风险发生后的应对步骤。例如，为了避免客户满意度下降的风险，可以采取需求阶段让客户参与、目标系统的模型向客户演示并收集反馈意见、验收方案和验收标准必须双方共同认可和签署确认等方法来对风险损失进行预防。

2. 风险减缓

风险减缓（risk mitigation）是指风险发生时或风险发生后为了降低损失所采取的各种措施，通过降低风险事件发生的概率或损失来降低对项目的影响。例如，为了避免因自然灾害造成的后果，在一个大型软件项目中考虑使用异地备份来减缓风险。

11.5.4 自留风险

自留风险（risk retention）又称承担风险，是一种由项目组织自己承担风险事件所致损失的措施。这种接受可以是积极的（如制订预防性计划来防备风险事件的发生），一般是经过合理判断和谨慎研究后决定承担风险；或者不知道风险因素的存在而承担下来，这是消极的自我承担。

11.6 风险监控

风险监控（risk monitoring）是在整个项目生命周期中，跟踪已识别的风险、检测残余风险、识别新风险和实施风险应对计划，并对其有效性进行评估。风险监控实际上是监视项目的进展和环境等方面的变化，核对风险管理策略和措施的实际效果是否达到预期目标，寻找机会改善和细化风险规避计划并获取反馈信息，以使未来的决策更符合实际。图 11.2 为风险监控过程。由于项目风险具有复杂性、变动性、突发性、超前性

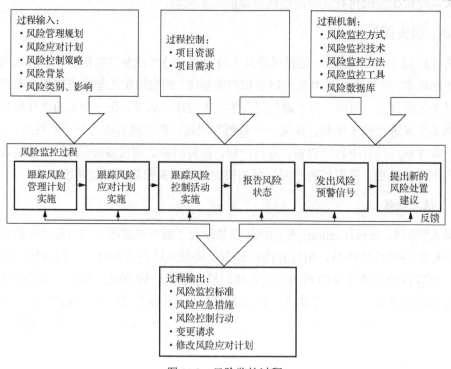

图 11.2 风险监控过程

等特点，风险监控应该围绕项目风险的基本问题，制定科学的风险监控标准，采用系统的管理方法，建立有效的风险预警系统，做好应急计划，实施高效的项目风险监督。

风险监控技术主要有风险预警管理、审核检查法、监视单、项目风险报告、技术绩效测量、储备分析和挣值分析。

1. 风险预警管理

风险预警管理是指对项目管理过程中有可能出现的风险，采取超前或预先防范的管理方式，一旦在监控过程中发现有发生风险的征兆，及时采取校正行动并发出预警信号，最大限度地避免不利后果的发生。

2. 审核检查法

审核检查法从项目建议书开始直至项目结束。目的是查找错误、疏漏、不准确、前后矛盾、不一致之处，发现以前或他人未注意或未考虑到的问题等。

3. 监视单

监视单是在项目实施过程中管理工作需要关注的关键区域的清单。清单内容通常用于在各种正式或非正式的项目审查会议中进行审查和评估。

4. 项目风险报告

项目风险报告是用来向决策者和项目组织成员传达风险信息、通报风险状况和风险处理活动效果的重要文件。

5. 技术绩效测量

技术绩效测量是把项目执行期间所取得的技术成果与关于取得技术成果的计划进行比较。它要求定义关于技术绩效的客观的、量化的测量指标，以便据此比较实际结果与计划要求。

6. 储备分析

储备分析是指在项目的任一时间点比较剩余应急储备与剩余风险量，从而确定剩余储备是否仍然合理。可以用各种图形（如燃尽图）显示应急储备的消耗情况。

7. 挣值分析

挣值分析通过挣值曲线，使管理人员直观迅速地了解项目的实施情况。如果有严重的成本和进度风险存在，高层管理者就应及时终止项目或采取其他风险应对策略。表 11.5 为挣值分析的指标和计算公式。图 11.3 为挣值分析示例。

表 11.5   挣值分析的指标和计算公式

指标	计算公式
挣值	EV=当前计划值×完成百分比
成本偏差	CV=挣值（EV）– 实际成本（AC）
进度偏差	SV=挣值（EV）– 计划成本（PV）
成本执行指数	CPI=挣值（EV）/ 实际成本（AC）
进度执行指数	SPI=挣值（EV）/ 计划成本（PV）

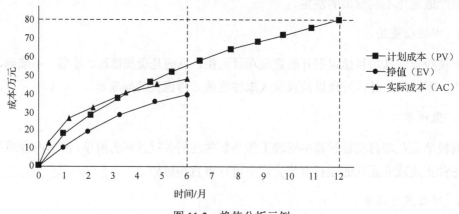

图 11.3   挣值分析示例

习　　题

1．风险的基本性质是什么？

2．风险规划的主要策略是什么？

3．风险评估的方法有哪些？

4．利用决策树风险分析技术来分析以下两种情况，以便决定选择哪种方案（要求画决策树）。

方案 1：随机投掷硬币两次，如果两次投掷的结果都是硬币正面朝上，则将获得 20 元；投掷的结果硬币背面每朝上一次，则需要支付 5 元。

方案 2：随机投掷硬币两次，需要支付 8 元；如果两次投掷的结果都是硬币正面朝上，则将获得 20 元。

第 12 章 软件开发主流工具

12.1 需求设计工具

12.1.1 流程绘制工具——Visio 2019

Visio 2019 的全称是 Microsoft Visio 2019，它是由 Microsoft 公司推出的功能强大的专业流程绘制工具，可以便捷迅速地绘制出各种图形，以便更直观地反映信息。支持多种流程图、网络图、组织结构图、工程设计及其他使用现代形状和模板的内容。目前仅支持 Windows 10 的 64 位系统，其他系统暂时无法安装。借助 Visio 2019 自带的模板和数以千计的形状选项，团队成员可以轻松创建、协作并共享链接到数据的图表，简化复杂的信息，快速为项目覆盖数据，并且随着所关联数据的更新，图表及数据可视化呈现也将随之自动更新。图 12.1 为 Visio 2019 工作界面。

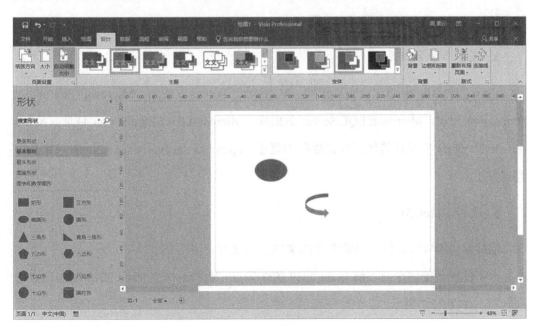

图 12.1　Visio 2019 工作界面

Visio 2019 的主要特点如下。

1. 轻松创建专业图表

使用熟悉的入门体验、现成的模板，以及有助于满足行业标准（包括 UML 2.5 等）的数千种形状可轻松创建任何专业图表。

2. 共享简单安全

使用 Skype for Business 的共同编辑、特定于形状的评论，即可畅享更自由的图表协作体验。可以直接在 Visio 中轻松共享图表，获取关键利益干系人的意见。

3. 将流程图连接到实时数据以更快地做出决策

使用图表中的格式或数据图形直观地表达基础数据中的更改，获得快速、独特的见解。

4. Visio Online 可视化

通过 Visio Online，可在常用浏览器中创建和共享图表，重新创建流程图、映射 IT 网络、构建组织结构图或记录业务流程。Visio Online 有助于从任意位置可视化工作，帮助团队通过 Web 浏览器查看或评论图表。

5. 支持多个数据源

Visio 支持 Microsoft Excel 工作簿、Microsoft Access 数据库、Microsoft SharePoint Foundation 列表、Microsoft SQL Server 数据库、Microsoft Exchange Server 目录、Azure Active Directory 信息及其他开放式数据库互连（opendata database connectivity，ODBC）数据源。

6. 支持 AutoCAD

能够导入 DWG 文件，包括增强的文件格式支持。

为了使读者能够全面了解 Visio 2019 的知识点，本书制作了 Visio 2019 的知识点思维导图，如图 12.2 所示。

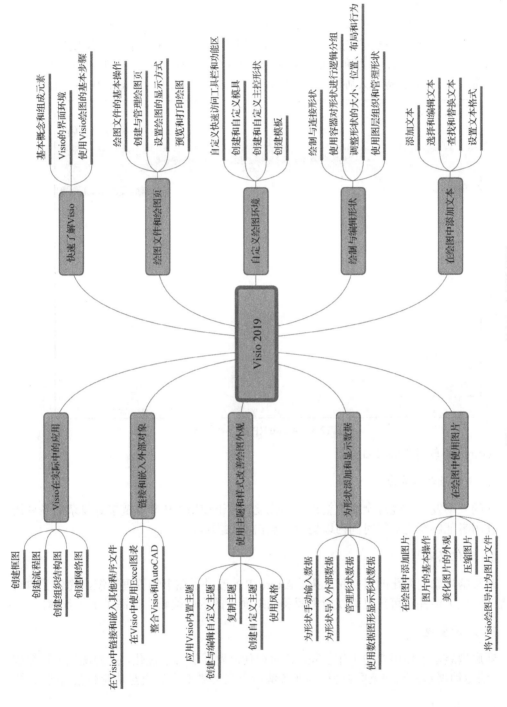

图 12.2 Visio 2019 的知识点思维导图

12.1.2　快速原型设计工具——Axure RP

Axure RP 是美国 Axure Software Solution 公司的旗舰产品，是一个专业的快速原型设计工具，让负责定义需求和规格、设计功能和界面的专家能够快速创建应用软件或 Web 网站的线框图、流程图、原型和规格说明文档。作为专业的原型设计工具，它能快速、高效地创建原型，同时支持多人协作设计和版本控制管理。图 12.3 为 Axure RP 的工作界面。

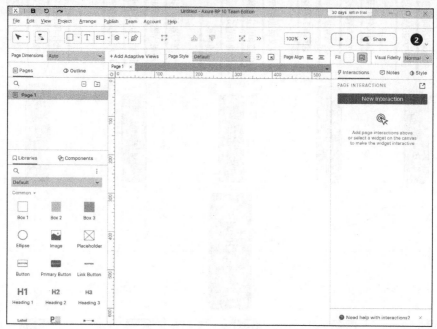

图 12.3　Axure RP 的工作界面

Axure RP 软件的特点如下。

1. 新的互动发电机

新的互动发电机经过全面重新设计和优化，易于使用。从基本链接到复杂的条件流程，使用者能够在更短的时间内以更少的点击次数实施。

2. 简化思考

从头脑风暴到简化的可交付成果，Axure RP 改进了图书馆管理系统，简化了自适应视图，更灵活并且可重复地使用母版及动态面板的内联编辑，提高了工作效率。

3. 展示全貌

新原型展示了使用者的工作全貌，针对现代浏览器进行了优化，并为现代工作流程设计，清楚地展示移动和桌面原型，为业务解决方案提供丰富的交互功能和全面的文档。

4. 控制文件

确保解决方案正确且完整地构建。整理笔记，将其分配给 UI 元素，并在屏幕上合并评论。

5. 细节改进

改进了对排版的控制，包括字符间距、删除线和上标。新的颜色选择器带有径向渐变和色调饱和值拾音器。图像作为形状背景，图像滤镜和原型中的图像质量更好，具有更智能的捕捉和距离指南，以及一键式快捷键和更精确的矢量编辑。

为了使读者能够全面了解 Axure RP 的知识点，本书制作了 Axure RP 的知识点思维导图，如图 12.4 和图 12.5 所示。

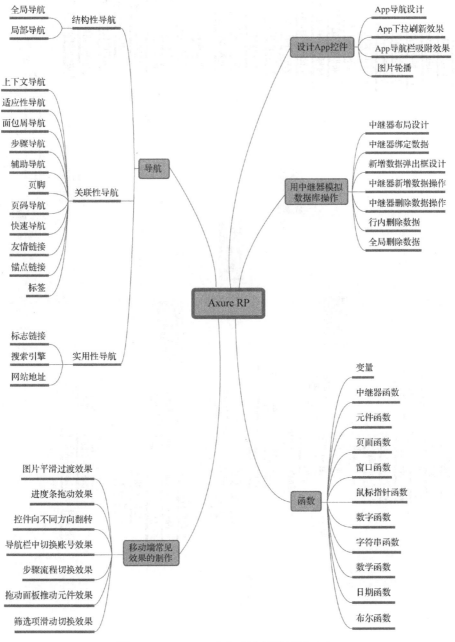

图 12.4　Axure RP 的知识点思维导图（1）

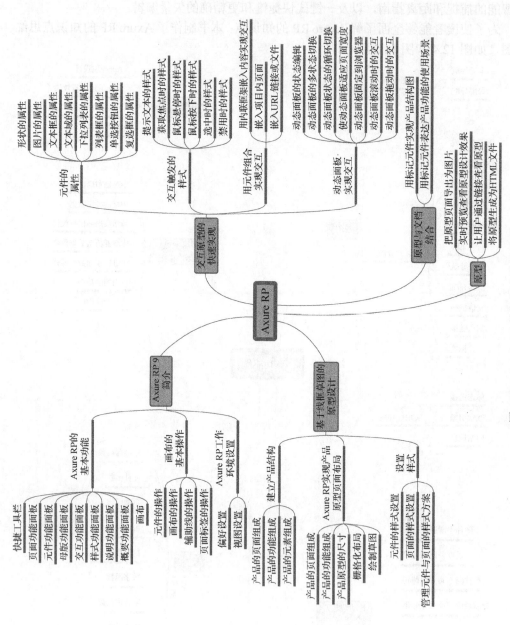

图 12.5　Axure RP 的知识点思维导图 (2)

12.1.3　软件项目管理工具——Project 2019

Project 2019 是微软公司研发的一款项目管理软件，2019 版凝聚了许多成熟的项目管理现代理论和方法，可以帮助项目管理者实现时间、资源、成本计划、控制，使我们做项目更加轻松、便捷。Project 2019 是一款非常适合项目经理、项目团队及决策者的实用型项目管理辅助工具，可以帮助用户轻松规划项目，使用户在任何时候、任何地方都能进行工作。本软件还可以帮助项目经理或项目团队迅速实现项目进度跟进，控制项目成本，分析以及预测，让项目工期大幅度缩短，使所有资源都得到有效利用，大大地提高了经济效益。（注：本软件与 Windows 10 兼容）

Project 2019 在其原项目管理的基础上添加了许多新的功能，引入了新的工作方法，除了拥有管理任务、报表和商业智能等基本功能，新版本还增加了利用 Skype for Business 状态展开协作、管理资源、与 Project Online 和 Project Server 同步、提交时间表等新功能，能够满足用户的更多使用需求。Project 的工作界面如图 12.6 所示。

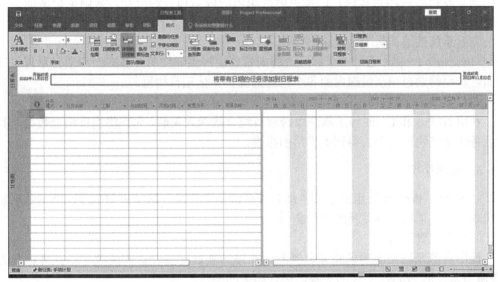

图 12.6　Project 2019 的工作界面

Project 2019 的功能特点如下。

1. 项目管理

Microsoft 项目及项目组合管理有助于轻松执行项目；内置模板和熟悉的日程安排工具可提高项目经理和团队的工作效率。

（1）内置模板

可自定义的内置模板采用行业较佳做法，帮助用户走上正轨，因此无须从头创建项目计划。

（2）项目规划

甘特图和预填充下拉菜单等日程安排功能可帮助减少培训时间，简化项目规划流程。已打开 Project 文件的设备，文件中显示计划功能。

（3）现成的报表

在组织内共享报表，让所有人的进度相同。报表包括从燃尽图到财务数据的所有内容。已打开 Project 文件的设备，文件标题为"资源概述"的报表。

（4）多个日程表

快速查看所有项目活动——从任务到即将到来的里程碑事件。通过自定义日程表，可呈现特定的数据，并与项目利益干系人轻松共享。

2．项目组合管理

评估和优化项目组合以设置计划的优先级并获得所期望的结果；与商务智能（business intelligence，BI）的无缝集成可实现高级分析；内置报告可让所有人保持同一进度。

（1）项目组合优化

Microsoft Project 可帮助决策者轻松对不同项目组合方案建模，通过根据战略业务驱动因素权衡各种项目建议，以及考虑组织内的成本和资源限制，来确定合适的战略路线。

（2）系统性地评估项目建议

Microsoft Project 通过一个标准流程向管理层提供详细的业务案例和项目章程供其审阅，从而帮助组织从组织内的各个角落捕捉并评估项目构思。

（3）无缝 BI 集成

利用 BI Pro 和 Excel 等工具获取跨项目组合的深入见解。允许将项目组合数据与其他业务线系统快速聚合，得到更详尽的报告。

3．资源管理

Microsoft Project 让组织能够主动管理资源使用状况、尽早识别瓶颈、准确预测资源需求、改进项目选择并及时进行交付。

（1）系统资源请求

使用资源预订功能请求和锁定资源，始终为项目配备合适的资源。已打开标题为"资源请求"的 Project 文件的设备，进行相关的操作。

（2）可视化热点图

通过容量热点图查看资源使用情况。快速识别过度使用和未充分使用的资源，以优化分配。已打开标题为"容量和预订热点图"的 Project 文件的设备，文件中显示一个彩色编码的信息图表。

（3）可靠的资源分析

根据标准数据比较资源并预测计划使用情况。通过内置报告可监视进度并解决相关问题。显示已开启 BI 并包括一系列数据可视化效果的设备。

（4）一体化协作解决方案

使用 Skype for Business 等工具高效协作。团队可以在项目计划中访问 Skype，无须切换应用。

Project 2019 的功能众多，本书归纳了其知识点，如图 12.7 和图 12.8 所示。

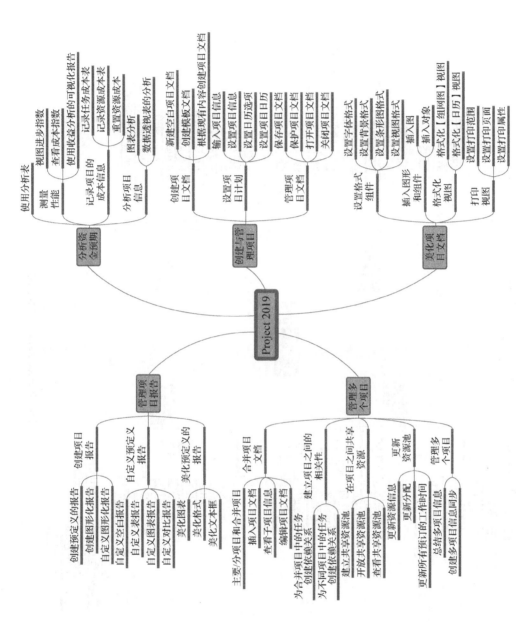

图 12.7　Project 2019 的知识点思维导图（1）

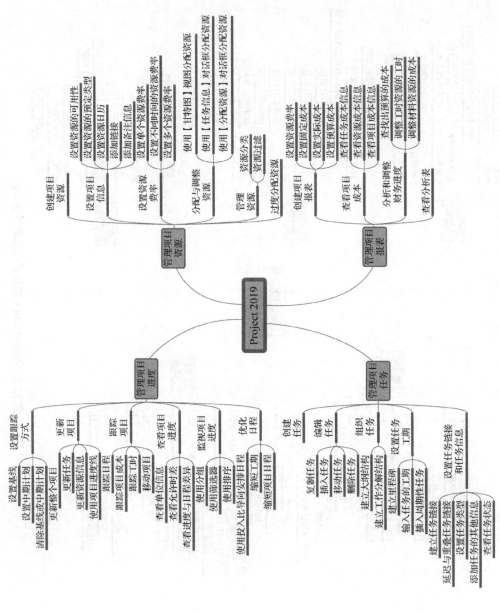

图 12.8　Project 2019 的知识点思维导图（2）

12.2　软件集成开发环境

12.2.1　Eclipse 集成开发环境

Eclipse 是一个开放源代码的软件开发项目，专注于为高度集成的工具开发提供一个全功能的、具有商业品质的工业平台。Eclipse 是跨平台的自由集成开发环境（integrated development environment，IDE），最初主要用 Java 语言开发，通过安装不同的插件 Eclipse 可以支持不同的计算机语言，如 C++和 Python 等开发工具。它主要由 Eclipse 项目、Eclipse 工具项目和 Eclipse 技术项目三个项目组成。

Eclipse 本身只是一个框架平台，但是众多插件的支持使 Eclipse 拥有其他功能相对固定的 IDE 软件很难具有的灵活性。许多软件开发商以 Eclipse 为框架开发自己的 IDE。

虽然大多数用户很乐于将 Eclipse 当作 Java IDE 来使用，但 Eclipse 的目标不限于此。Eclipse 还包括插件开发环境（plug-in development environment，PDE），这个组件主要针对希望扩展 Eclipse 的软件开发人员，因为它允许他们构建与 Eclipse 环境无缝集成的工具。由于 Eclipse 中的每样东西都是插件，对于为 Eclipse 提供插件，以及为用户提供一致和统一的集成开发环境而言，所有工具开发人员都具有同等的发挥场所。Eclipse 的工作界面如图 12.9 所示。

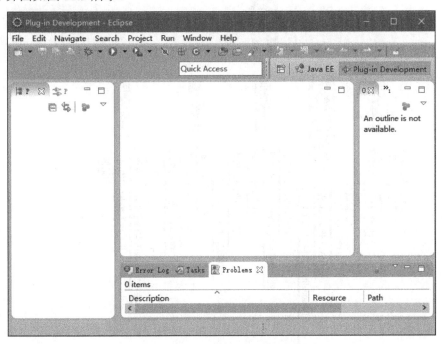

图 12.9　Eclipse 的工作界面

本书归纳了 Eclipse 的知识点，如图 12.10 和图 12.11 所示。

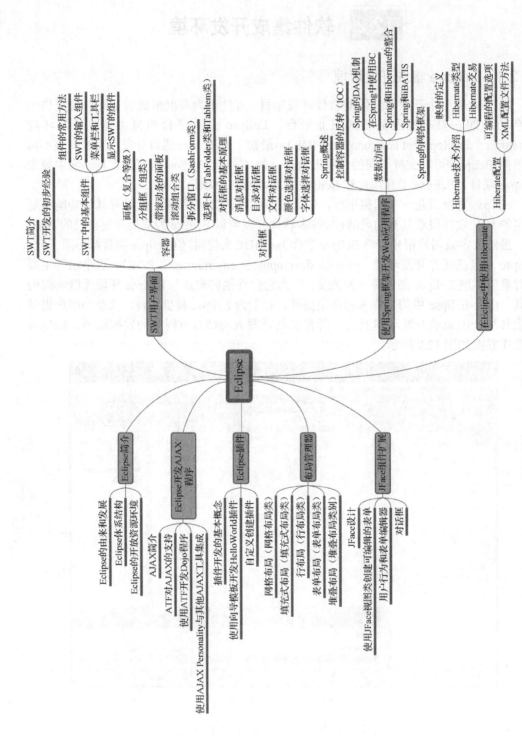

图 12.10　Eclipse 的知识点思维导图（1）

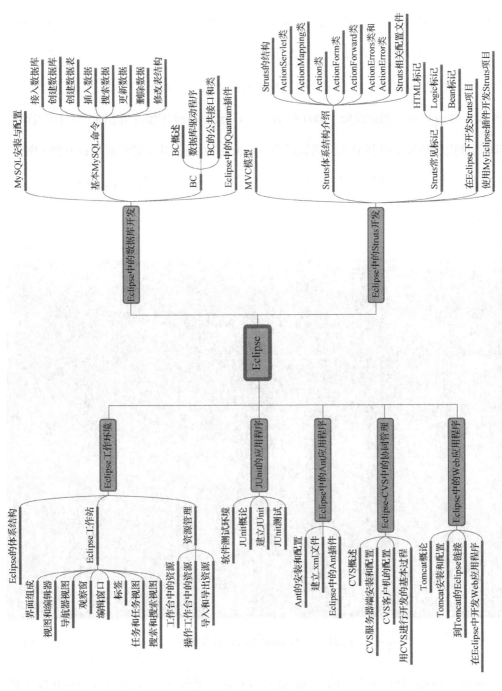

图 12.11　Eclipse 的知识点思维导图（2）

12.2.2 Android 集成开发环境

Android 是 Google 开发的基于 Linux 平台的开源手机操作系统。它包括操作系统、用户界面和应用程序——移动电话工作所需的全部软件,并且不存在任何以往阻碍移动产业创新的专有权障碍。Android 操作系统最初由 Andy Rubin 开发,主要支持手机,2005 年 8 月由 Google 收购注资。2007 年 11 月,Google 与 84 家硬件制造商、软件开发商及电信营运商组建开放手机联盟共同研发改良 Android 系统。开发者任意修改开放的源代码来实现与开发各种实用的手机 App,具有高级图形显示、界面友好等特点。图 12.12 为 Android Studio 工作界面。

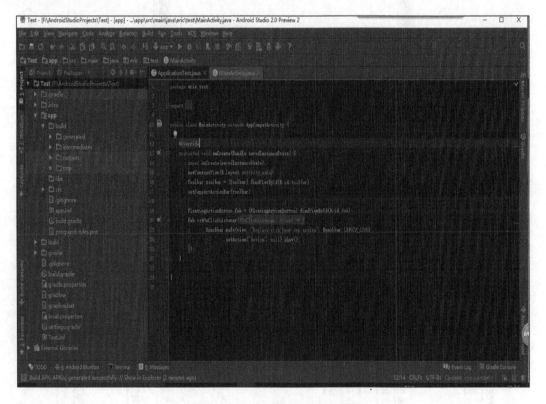

图 12.12　Android Studio 工作界面

Android Studio 是一个全新的 Android 开发环境,类似 Eclipse ADT(安卓开发工具插件,android development tools),Android Studio 提供了集成的 Android 开发工具。与

Eclipse 相比，Android Studio 内部集成了软件开发工具包（software development kit，SDK）等，方便开发。通常情况下，在正常安装 Java 开发工具包（Java Developer's Kit，JDK）、安装 Android Studio 后，便可直接使用了。

Android 的特点如下。

1）系统开源。Android 系统完全开源，由于本身的内核是基于开源的 Linux 系统内核，因此 Android 从底层系统到上层用户类库、界面等都是完全开放的。任何个人、组织都可以查看学习源代码，也可以基于 Google 发布的版本做自己的系统。

2）跨平台特性。Android 由 Java 语言编写，继承了 Java 跨平台的特点。任何 Android 应用几乎无须做任何处理就能运行于所有的 Android 设备。这意味着各运营商可自由使用多形式的硬件设备，不拘泥于手机、平板等传统移动设备，电视和各种智能家居均可使用 Android 系统。

3）丰富的应用。Android 系统的开源性吸引了众多开发者为其平台开发各式各样的应用软件，广泛的应用来源让其使用者可较为方便地获取自己想要的应用，坚实的消费者基础让开发者有动力开发更多、更好的应用软件。

4）多元化设备支持。Android 除了在智能手机上应用，还在平板计算机、互联网电视、车载导航仪、智能手表及其他智能硬件上被广泛应用。另外，围绕自动驾驶相关的产业也是利用 Android 系统进行开发的。因此，Android 开发工程师的就业方向不一定都是 App，在其他方面的就业前景也相当广阔。

5）无缝和 Google 集成。Android 可以和 Google 的地图服务、邮件系统、搜索服务等进行无缝结合，有的甚至已经内嵌入 Android 系统。

本书归纳了 Android 的知识点，如图 12.13 和图 12.14 所示。

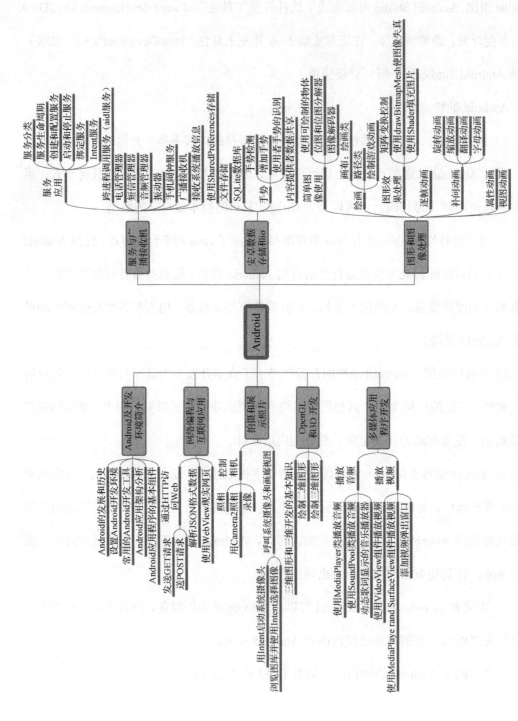

图 12.13　Android 的知识点思维导图（1）

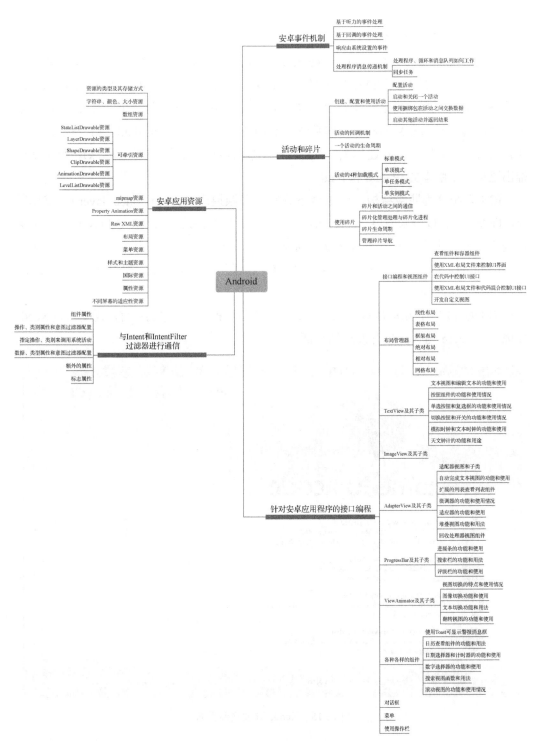

图 12.14　Android 的知识点思维导图（2）

12.2.3　iOS 集成开发环境

苹果 iPhone 操作系统（iPhone operation system，iOS）是由苹果公司开发的移动操作系统。苹果公司最早于 2007 年 1 月 9 日的 Macworld 大会上公布这个系统，最初是设计给 iPhone 使用的，后来陆续套用到 iPod touch、iPad 上。iOS 与苹果的 macOS 操作系统一样，属于类 UNIX 的商业操作系统。2010 年 1 月 27 日发布 iPad（第一代），并于 2012 年 11 月发布了 iPad 迷你款。iOS 设备发布相当频繁，由以往经验可知，每年都会推出至少一个版本的 iPhone 和 iPad。

iOS 系统分为四级结构，由上至下分别为可触摸层（cocoa touch layer）、媒体层（media layer）、核心服务层（core services layer）、核心系统层（core OS layer），每个层级提供不同的服务。低层级结构提供基础服务，如文件系统、内存管理、输入/输出（input/output，I/O）操作等。高层级结构建立在低层级结构之上提供具体服务，如 UI 控件、文件访问等。

iOS 的开发中使用的是 Objective C 语言，它是一种面向对象的语言，需要安装 Xcode 环境。图 12.15 为 Xcode 开发欢迎界面。

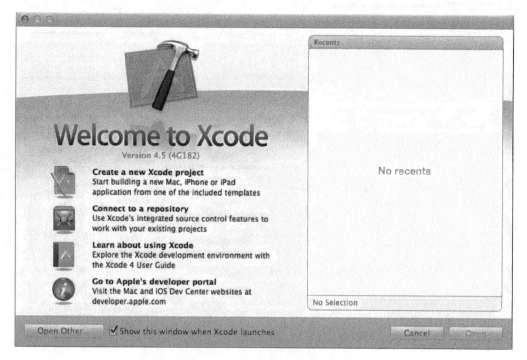

图 12.15　Xcode 开发欢迎界面

本书归纳了 iOS 的知识点，如图 12.16 和图 12.17 所示。

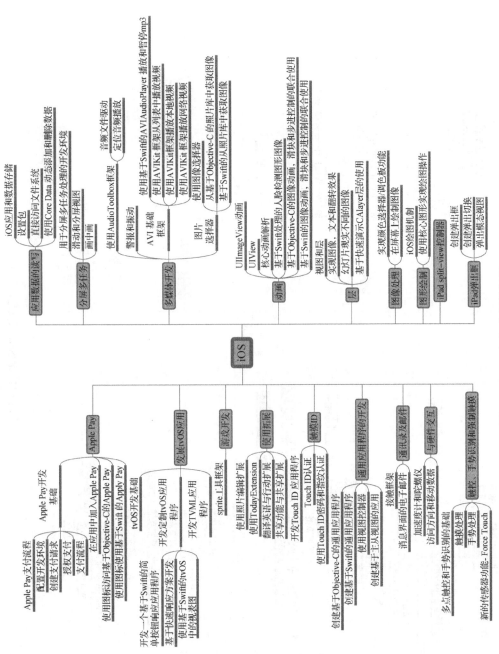

图 12.16　iOS 知识点思维导图（1）

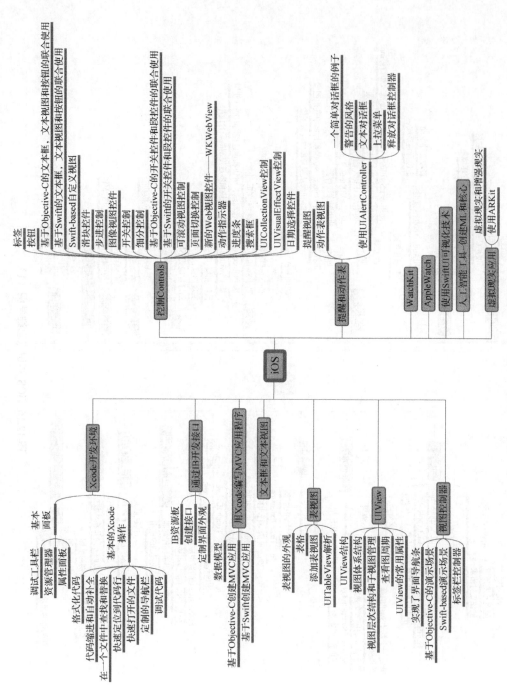

图 12.17　iOS 知识点思维导图（2）

12.3　软件测试工具

12.3.1　负载测试工具——LoadRunner

LoadRunner 是一种预测系统行为和性能的负载测试工具。通过模拟上千万用户实施并发负载及实时性能监测的方式来确认和查找问题，LoadRunner 能够对整个企业架构进行测试。LoadRunner 可适用于各种体系架构的自动负载测试，能预测系统行为并评估系统性能。图 12.18 为 LoadRunner 的工作界面。

1. LoadRunner 的主要功能

1）性能测试：通过模拟生产运行的业务压力和使用场景组合测试系统的性能是否满足生产性能要求。

2）负载测试：通过在被测系统上不断增加压力，直到性能指标（如响应时间）超过预定的指标或资源达到上限。这种测试可以找到系统的处理极限，为系统提供调优数据。

3）压力测试：测

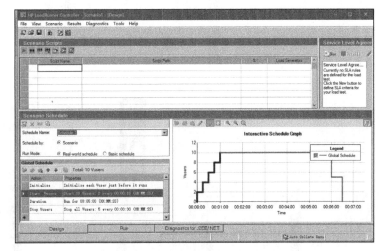

图 12.18　LoadRunner 的工作界面

试系统在一定饱和状态下，如中央处理器（central processing unit，CPU）、内存饱和等，系统能够处理的会话能力，以及系统是否会出现错误。

2. LoadRunner 的组成部分

LoadRunner 由 Virtual User Generator（虚拟用户生成器）、LoadRunner Controller（测试控制器）、LoadRunner Analysis（结果分析器）三部分组成。

1）Virtual User Generator：模拟虚拟用户动作，是用来录制、生成、编辑、调试脚本所用的工具。

2）LoadRunner Controller：是用来设计、实现场景、执行场景、集成监控、实时监测的一个组件，是执行负载测试管理和监控的中心，能制定具体的性能测试方案，执行性能测试，收集测试数据，监控测试指标。

3）LoadRunner Analysis：通过图表，分析进行收集、整理测试结果，提供简单的概要报告、图表，并且提供必要的选项来帮助测试工程师分析性能测试结果、定位性能瓶颈。

本书归纳了 LoadRunner 的知识点，如图 12.19 和图 12.20 所示。

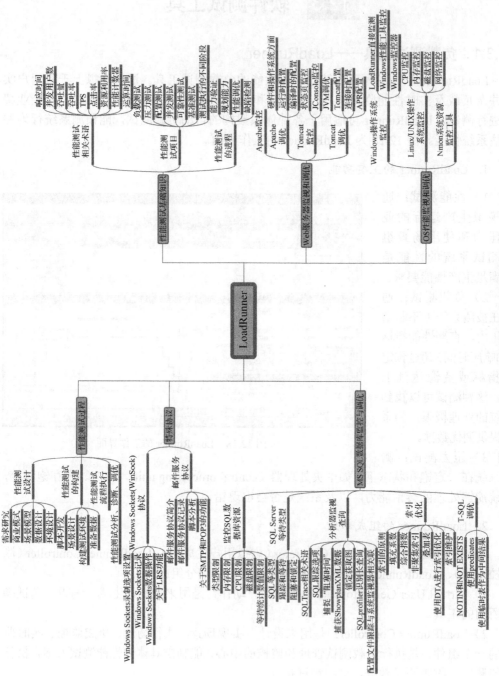

图12.19　LoadRunner 的知识点思维导图（1）

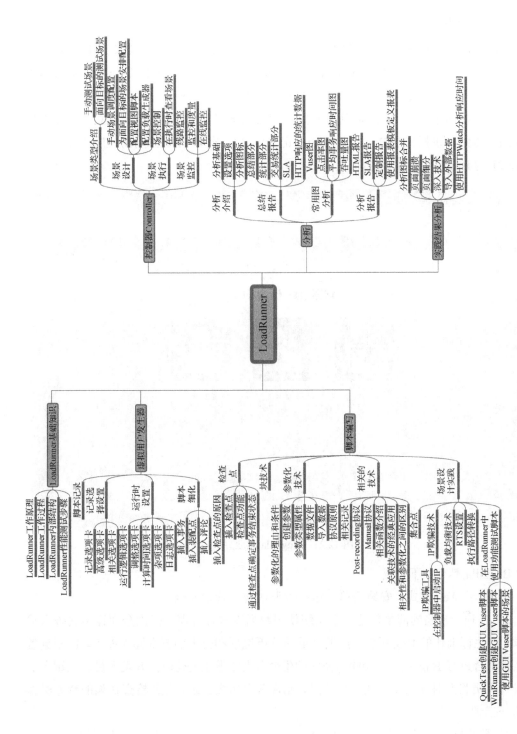

图 12.20　LoadRunner 的知识点思维导图（2）

12.3.2　缺陷跟踪系统——Bugzilla

Bugzilla 是 Mozilla 公司提供的一款开源的免费 Bug（错误或是缺陷）追踪系统，用来帮助用户管理软件开发，建立完善的 Bug 跟踪体系。Bugzilla 是一个搜集缺陷的数据库。用户利用它报告软件的缺陷并把它们转给合适的开发者。开发者能使用 Bugzilla 构建一个要做事情的优先表、时间表和跟踪相关缺陷表等。它能为用户建立一个完善的 Bug 跟踪体系，包括报告 Bug、查询 Bug 记录并产生报表、管理员系统初始化和设置。图 12.21 为 Bugzilla 的欢迎界面。

图 12.21　Bugzilla 欢迎界面

Bugzilla 具有如下特点。

1）基于 Web 方式，安装简单、运行方便快捷、管理安全。

2）有利于缺陷的清楚传达。本系统使用数据库进行管理，提供全面详尽的报告输入项，产生标准化的 Bug 报告。提供大量的分析选项和强大的查询匹配能力，能根据各种条件组合进行 Bug 统计。当缺陷在它的生命周期中发生变化时，开发人员、测试人员及管理人员将及时获得动态的变化信息，允许获取历史记录，并在检查缺陷的状态时参考这一记录。

3）系统灵活，可配置能力强大。Bugzilla 工具可以对软件产品设定不同的模块，并针对不同的模块设定开发人员和测试人员。这样可以实现提交报告时自动发给指定的责

任人，并可设定不同的小组，权限也可划分。设定不同的用户对 Bug 记录具有不同的
操作权限，可有效控制并进行管理。允许设定不同的严重程度和优先级。可以在缺陷的
生命期中管理缺陷。从最初的报告到最后的解决，确保缺陷不会被忽略，同时可以使注
意力集中在优先级和严重程度高的缺陷上。

4）自动发送电子邮件，通知相关人员。根据设定的不同责任人，自动发送最新的
动态信息，有效地帮助测试人员和开发人员进行沟通。

本书归纳了 Bugzilla 的知识点，如图 12.22 所示。

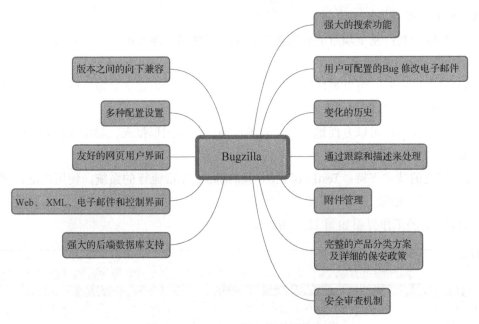

图 12.22 Bugzilla 的知识点思维导图

12.3.3 测试管理工具——TestLink

TestLink 是基于 Web 的测试用例管理系统，主要功能是测试用例的创建、管理和执
行，并且提供了一些简单的统计功能。TestLink 用于进行测试过程中的管理，通过使用
TestLink 提供的功能，可以将测试过程从测试需求、测试设计到测试执行完整地管理起
来，同时，它还提供了多种测试结果的统计和分析，用户能够简单地开始测试工作和分
析测试结果。TestLink 是 SourceForge 的开放源代码项目之一。

1. TestLink 的主要功能

作为基于 Web 的测试管理系统，TestLink 的主要功能包括以下几个。

1）测试需求管理。

2）测试用例管理。

3）测试用例对测试需求的覆盖管理。

4）测试计划的制订。

5）测试用例的执行。

6）大量测试数据的度量和统计功能。

2. TestLink 的特色

1）免费开源：代码遵循 Apache 2 开源协议，免费使用，对商业用户也无任何限制。

2）邮箱提醒：系统会通过邮件及时地通知自己的团队和客户。邮件通知的环节、形式、时间、接受人均可定制。

3）权限控制：基于项目的权限控制，支持创建多个项目的管理，使每个人员可以作为不同项目的不同角色。

4）系统可定制：可以灵活地自定义多个信息，包括自定义字段、邮件通知、管理流程、查询字段、报表字段等。

5）插件支持：可以方便地在线安装多个插件，如图形报表、导出 Microsoft Excel 工作簿格式、统计分析等。

6）广泛的技术支持：TestLink 是国内和国际上非常流行的系统，使用广泛，产品稳定可靠，值得信赖。

TestLink 的工作界面如图 12.23 所示。

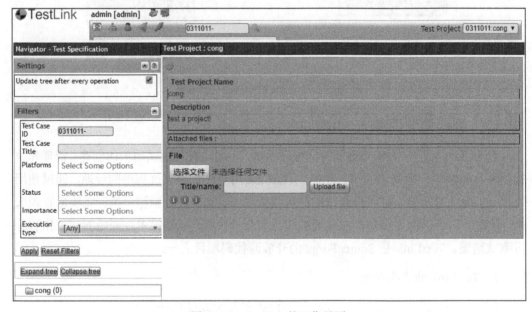

图 12.23　TestLink 的工作界面

本书归纳了 TestLink 的知识点，如图 12.24 所示。

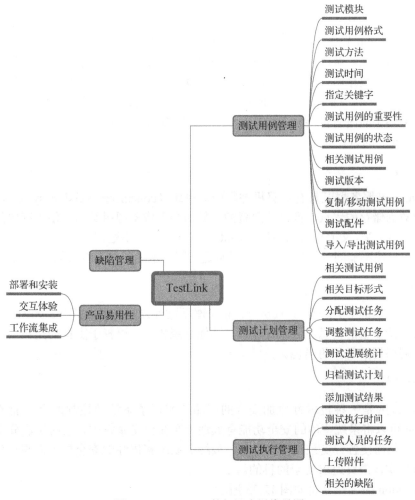

图 12.24　TestLink 的知识点思维导图

12.4　软件维护工具——Subversion

Subversion（SVN，版本控制系统）是一个开放源代码的版本控制系统。作为一个开源的版本控制系统，Subversion 管理着随时间改变的数据。这些数据被放置在一个中央资料档案库（repository）中。这个档案库很像一个普通的文件服务器，不过它会记住每次文件的变动。这样就可以把档案恢复到旧的版本，或者浏览文件的变动历史。Subversion 是一个通用的系统，可用来管理任何类型的文件，其中包括程序源代码。

Subversion 采用客户端/服务器体系，将项目的各种版本都存储在服务器上，程序开发人员首先将从服务器上获得一份项目的最新版本，并将其复制到本机，然后在此基础上，每个开发人员可以在自己的客户端进行独立的开发工作，并且可以随时将新代码提交给服务器。当然也可以通过更新操作获取服务器上的最新代码，从而保持与其他开发者所使用版本的一致性。

Subversion 的客户端有两类：一类是基于 Web 的 Web Subversion，另一类是以 Tortoise Subversion 为代表的客户端软件。前者需要 Web 服务器的支持，后者需要用户在本地安装客户端，两种都有免费的开源软件供使用。Subversion 存储版本数据也有两种方式：伯克利数据库（Berkeley database，BDB），是一种事务安全型表类型；本地文件系统（file system file systems，FSFS），是一种不需要数据库的存储系统。因为 BDB 方式在服务器中断时有可能锁住数据，所以还是 FSFS 方式更安全。

Subversion 的特点如下。

1. 存储

Subversion 服务器既具有计算机并行版本系统（concurrent version system，CVS）所具有的数据储存的优点，像是信息资源存储后会形成资源树结构，便于存储的同时，数据一般不会丢失，又拥有自己的特色。Subversion 通过关系数据库及二进制的存储方式，同时解决了以往不能同时读写同一文件等问题，同时增添了自己特有的"零或一"原则。

2. 速度

与人们初始的 CVS 相比，Subversion 在速度运行方面有很大提升。因为 Subversion 服务器只支持少量的信息、资源传输，与其他系统相比，更善于支持的是离线模式，所以避免了网络拥挤现象的出现。

3. 安全性

Subversion 是一种技术性更加安全的产品，实现了系统和控制两个方面的结合。Subversion 可以将系统整体的安全功能有效地分布在分支系统中，进而保证分支系统能正常运行，从而使各分支系统能够互补，最终在系统整体性的安全性方面得以保障，通过均衡原则实现最终追求安全的目的。

Subversion 的工作界面如图 12.25 所示。

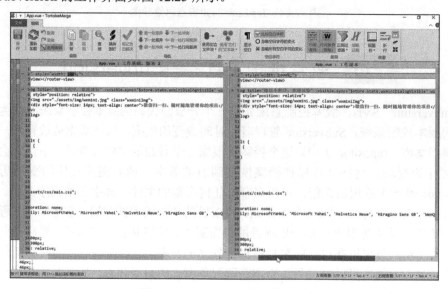

图 12.25　Subversion 的工作界面

本书归纳了 Subversion 的知识点，如图 12.26 所示。

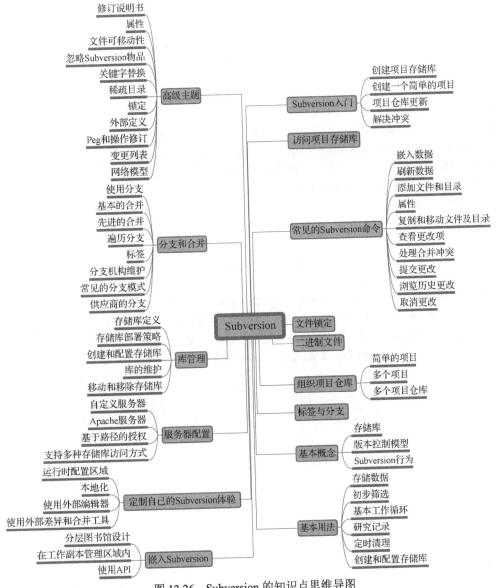

图 12.26　Subversion 的知识点思维导图

习　题

1. Microsoft Visio 2019 绘图工具的主要特点是什么？
2. Axure RP 的主要特点是什么？
3. 什么是 Eclipse 集成开发环境？它包括哪几个部分的内容？
4. 目前软件的主要测试工具有哪些？
5. TestLink 测试管理工具主要包括的功能有哪些？具有哪些特点？

参 考 文 献

韩万江，姜立新，2019. 软件项目管理案例教程[M]. 3 版. 北京：机械工业出版社.

黑马程序员，2019. 软件测试[M]. 北京：中国工信出版集团，人民邮电出版社.

贾铁军，李学相，王学军，2018. 软件工程与实践[M]. 3 版. 北京：清华大学出版社.

李代平，杨成义，2017. 软件工程[M]. 4 版. 北京：清华大学出版社.

李英龙，郑河荣，2021. 软件项目管理（微课视频版）[M]. 北京：清华大学出版社.

宁涛，刘向东，宋海玉，2021. 软件项目管理[M]. 2 版. 北京：清华大学出版社.

潘广贞，杨剑，王丽芳，等，2013. 软件工程基础教程[M]. 北京：国防工业出版社.

千锋教育高教产品研发部，2020. 全栈软件测试实战（基础+方法+应用）（慕课版）[M]. 北京：人民邮电出版社.

史济民，顾春华，郑红，2009. 软件工程：原理、方法与应用[M]. 3 版. 北京：高等教育出版社.

王柳人，2017. 软件工程与项目实战[M]. 北京：清华大学出版社.

许家珆，白忠建，吴磊，2017. 软件工程：理论与实践[M]. 3 版. 北京：高等教育出版社.

伊恩·萨默维尔，2018. 软件工程（原书第 10 版）[M]. 彭鑫，赵文耘，等译. 北京：机械工业出版社.

张海藩，吕云翔，2015. 实用软件工程[M]. 北京：人民邮电出版社.

张海藩，牟永敏，2013. 软件工程导论[M]. 6 版. 北京：清华大学出版社.

郑炜，刘文头，杨喜兵，等，2017. 软件测试（慕课版）[M]. 北京：人民邮电出版社.

周元哲，张庆生，王伟伟，等，2020. 软件测试案例教程[M]. 北京：机械工业出版社.

朱少民，韩莹，2015. 软件项目管理[M]. 2 版. 北京：人民邮电出版社.